Willy H. Bölling

Sickerströmungen und Spannungen in Böden

Anwendungsbeispiele und Aufgaben

Springer-Verlag
Wien New York 1972

Professor Dipl.-Ing. Willy H. Bölling
Universidad de Oriente
Escuela de Geologia y Minas
Ciudad Bolivar, Venezuela

Mit 107 Abbildungen

ISBN 3-211-81043-9 Springer-Verlag Wien-New York
ISBN 0-387-81043-9 Springer-Verlag New York-Wien

Vorwort

Wie die Erfahrung immer wieder zeigt, fällt es dem jungen Ingenieur am Anfang seiner beruflichen Laufbahn schwer, das erworbene Schulwissen zur Lösung von praktischen, technischen Aufgaben anzuwenden. Auch der erfahrene Ingenieur steht in der Praxis oft vor dem Problem, Fragen beantworten zu müssen, die nicht in den Rahmen seiner täglichen Routinearbeit fallen.

Es gehört zur selbstverständlichen Berufspraxis, daß der Ingenieur in solchen Fällen zunächst einmal prüft, wie das Problem an anderer Stelle gelöst worden ist, um sich dann an die Lösung seines Problems zu begeben, indem er den Rechengang dem des Beispiels anpaßt und die Ergebnisse mit denen des Beispiels vergleicht. Eine reichhaltige Auswahl von Anwendungsbeispielen stellt daher für den Ingenieur eine wertvolle Unterstützung dar.

Der Verfasser hat in dem vorliegenden Werk eine große Anzahl typischer Aufgaben und Anwendungen aus allen Gebieten des Grundbaues und der Bodenmechanik ausgesucht und in allen Einzelheiten durchgerechnet. Zu jedem Anwendungsbeispiel wird ein kurzer Überblick über die Kenntnisse und Grundlagen gegeben, die zur Lösung der Aufgabe erforderlich sind. Die Ergebnisse der Berechnungen werden diskutiert, um auf Besonderheiten und wertvolle Deutungen hinzuweisen.

Das Werk gliedert sich in fünf selbständige, voneinander unabhängige Darstellungen, in denen folgende Themen behandelt werden: Bodenkennziffern und Klassifizierung von Böden; Zusammendrückung und Scherfestigkeit von Böden; Sickerströmungen und Spannungen in Böden; Setzungen, Standsicherheiten und Tragfähigkeiten von Grundbauwerken; Bodenmechanik der Stützbauwerke, Straßen und Flugpisten.

Es soll keine Erweiterung der großen Liste aller schon veröffentlichten grundlegenden Bücher über Bodenmechanik und Grundbau sein. Es beschränkt sich in voller Absicht auf die Anwendung der Theorien, auf die praktischen Bedürfnisse, und enthält infolgedessen eine Auswahl von Tafeln und Tabellen, die so vollständig wie nur möglich sein soll, um dem Ingenieur die Arbeit zu erleichtern.

Die zur Lösung einer Aufgabe verwendeten Methoden und Formeln wurden aus dem umfangreichen internationalen Schrifttum sorgfältig ausgewählt. Damit soll dem Ingenieur die Möglichkeit gegeben werden, auch ausländische Lösungsverfahren zu verstehen und anzuwenden, auf die er bei der ständig wachsenden Auslandsarbeit mit Sicherheit stoßen muß.

Dieses Werk wird jedoch nicht nur ein Ratgeber für die Praxis sein, sondern wird auch dem Studierenden eine Stütze und Hilfe bedeuten, indem es ihm in anschaulicher Weise erklärt, wie die theoretischen Kenntnisse im praktischen Berufsleben angewendet werden. In vielen Fällen wird ein lebendiges Beispiel mehr zum Verständnis eines Problems beitragen als umfangreiche theoretische Überlegungen. Das praktische Beispiel soll die nüchternen wissenschaftlichen Notwendigkeiten beleben, aber gleichzeitig auch zeigen, wie unerläßlich das eine zum Verständnis des anderen ist.

Es gibt praktisch keine Bauaufgabe, die nicht von bodenmechanischen und grundbaulichen Gegebenheiten beeinflußt wird. In allen jenen Fällen, in denen im Boden oder mit dem Boden gebaut wird, scheint es uns selbstverständlich, daß wir uns mit seinen mechanischen Eigenschaften beschäftigen. Wenn der Boden nur die passive Rolle eines Mediums für die Gründung anderer Ingenieurbauten darstellt, ist die Untersuchung seiner mechanischen Eigenschaften nicht weniger von Bedeutung. Jedem Ingenieur ist heute klar, daß eine falsche Beurteilung der mechanischen Eigenschaften des Untergrundes eine ernsthafte Gefahr für die Standsicherheit des darauf errichteten Bauwerks bedeutet.

Ich wünsche mir, daß der Leser eine Fülle von Anregungen für die richtige, schnelle und wirtschaftliche Lösung seiner Aufgaben finden möge. Der Aspekt der Wirtschaftlichkeit ist daher in allen Fällen besonders beachtet worden. Die beste theoretische Lösung hat keinen Sinn, wenn ein anderer den Auftrag zur Ausführung einer Bauaufgabe erhält, obwohl sein Vorschlag weniger wissenschaftlich, dafür aber um so praktischer und billiger ausgefallen ist. Möge dieses Werk den Zweck erfüllen, zu dem es geschrieben wurde, dem Leser jene Sicherheit zu geben, die er benötigt, eine Aufgabe technisch und wirtschaftlich einwandfrei zu lösen, sie in fachlichen Diskussionen wirksam vorzutragen und zu verteidigen und schließlich erfolgreich in die Tat umzusetzen.

Viele Probleme der Bodenmechanik und des Grundbaues lassen sich schnell und sicher mit Hilfe elektronischer Datenverarbeitung lösen. Die Vielfalt der verschiedenen Programme läßt jedoch keine detaillierte Darstellung der Programmierungsarbeit im Rahmen dieses Buches zu. Zahlreiche Aufgaben sind aber so gehalten, daß ein geübter Programmierer die verwendeten Formeln und Rechenschemata unmittelbar in die gewünschte Computersprache umsetzen kann.

Noch wenig erschlossen ist die elektronische Datenspeicherung für Aufgaben der Bodenmechanik und des Grundbaues. Hier bietet sich für die Zukunft ein ausgedehntes Arbeitsfeld, insbesondere für Standsicherheitsprobleme, Setzungsberechnungen, Fundamentbemessungen und Straßengründungen, dar, dessen Grundzüge angedeutet werden.

Bodenmechanik und Grundbau haben sich in der Vergangenheit überwiegend mit dem Baugrund als Dreiphasensystem — Mineral, Flüssigkeit,

Gas — beschäftigt. Mit fortschreitender Erschließung des Meeres und des Seebodens häufen sich die Aufgaben, in denen der Baugrund als Zweiphasensystem — Mineral, Wasser — untersucht und behandelt werden muß. Neue Problemstellungen werden dadurch aufgeworfen, deren wissenschaftliche Behandlung im Ansatz aufgenommen wurde.

Die Entwicklung der Raumfahrt, die Landung und die Konstruktion von Bauten für Menschen und Geräte auf fremden Planeten wird von uns sehr bald in verstärktem Maße eine Lösung der damit verbundenen bodenmechanischen und grundbautechnischen Probleme verlangen. Eines Tages wird sich die Bodenmechanik mit Aufgaben im Bereich einphasiger Systeme, also mit Böden befassen, die kein Gas und keine Flüssigkeit mehr enthalten und außerdem anderen Schweregesetzen unterliegen.

Die stürmische Entwicklung, die Bodenmechanik und Grundbau seit 1930 erlebt haben, wird also nicht nachlassen, sondern eher noch zunehmen. Gute Grundlagen und eine umfassende Schulung sind eine unerläßliche Voraussetzung für ihre Bewältigung. Möge dieses Werk seinen Beitrag dazu leisten.

Von der Idee zu einem technisch-wissenschaftlichen Buch bis zu seiner Veröffentlichung ist es ein langer, mühevoller Weg. Der Autor kann ihn nur dann erfolgreich gehen, wenn er sich auf die verlegerische Erfahrung und den unternehmerischen Mut seines Verlages verlassen kann. Dem Springer-Verlag in Wien sei herzlich gedankt, daß er in dieser Hinsicht stets ein beispielhafter Partner gewesen ist.

Dank sei auch allen jenen Ingenieuren und Wissenschaftlern gesagt, deren Arbeiten verwertet wurden. Es sind Hunderte. Ihre Namen sind jeweils im Text an der Stelle erwähnt, an der ich ihre Arbeit oder Auszüge daraus verwendet oder erläutert habe.

Ich danke meiner Frau, meinen Mitarbeitern und Kollegen an den europäischen und amerikanischen Universitäten für die Hilfe, die sie mir gewährt haben, und für die Kritik, die dazu beigetragen hat, den wissenschaftlichen und praxisorientierten Wert dieses Werkes zu erhöhen.

Ciudad Bolivar, im Sommer 1971 **Willy H. Bölling**

Inhaltsverzeichnis

Aufgabe 1

1. Ebene Potentialbewegung des Wassers

1.1 Aufgaben

**Aufgabe 1 Graphische Ermittlung eines ebenen
Strömungsnetzes und Berechnung der Versickerungsverluste unterhalb einer Spundwand**
$$(k_x = k_z = const)$$

Abb. 1.1 zeigt eine Spundwand, die 3,50 m tief in einen
tonigen Sand eingerammt ist. Im Schutze dieser Spundwand
sollen Reparaturarbeiten am Fuß eines Brückenpfeilers
durchgeführt werden.

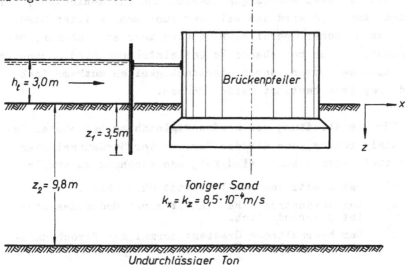

Abb. 1.1 Durchführung von Reparaturarbeiten an einem
Brückenpfeiler im Schutze einer Spundwand.

Während der Bauarbeiten wird das Wasser durch einen an-
grenzenden Kraftwerkskanal umgeleitet. Der Fluß hat an der
Sohle eine Breite von 40 m. Die Durchlässigkeit des tonigen
Sandes ist sowohl in vertikaler als auch in horizontaler
Richtung $k = 8,5 \cdot 10^{-4}$ m/s. In 9,80 m Tiefe unter der Fluß-
sohle steht eine undurchlässige Tonschicht an.

Welche Menge an Sickerwasser muß während der Durchführung der Reparaturarbeiten ständig abgepumpt werden?

Grundlagen

Die Berechnung wird für einen Spundwandabschnitt von 1 m Länge zwischen den Brückenpfeilern durchgeführt. Durch Multiplikation der Sickerwassermenge für diesen Einheitsab-schnitt mit der Breite der Flußsohle ergibt sich die Gesamt-menge an Sickerwasser, die ständig abgepumpt werden muß.

Um die Sickerwassermenge berechnen zu können, muß zu-nächst das Strömungsnetz im Bereich der Spundwand bestimmt werden. Wenn, wie es in diesem Beispiel der Fall ist, die Strömung in zwei Richtungen (x-Richtung und z-Richtung) ver-laufen kann, so wird das Bild der zusammengesetzten Strö-mung keine Schar paralleler Geraden mehr sein können. Die Strömungslinien bei ebener Potentialströmung sind harmonisch verlaufende Kurven, deren Gesetzmäßigkeiten mathematisch und graphisch bestimmt werden können.

Für die Ableitung der Strömungsgleichung bei ebener Po-tentialströmung, aus der der Verlauf der Strömungslinien ermittelt werden kann, sind folgende Annahmen zu treffen:

a)   Das Gesetz von DARCY besitzt Gültigkeit.

b)   Der durchströmte Rauminhalt eines Bodenelementes ist unveränderlich.

c)   Der hydraulische Gradient normal zur Berechnungs-ebene ist gleich Null.

Unter diesen Bedingungen beträgt die Wassermenge, die in ein Bodenelement (Abb. 1.2) in der Zeiteinheit eintritt:

$$v_x \cdot dz \cdot dy + v_z \cdot dx \cdot dy \ (\text{m}^3/\text{s}) \qquad (1.1)$$

Die Wassermenge, die in der Zeiteinheit aus dem Boden-element austritt, ist:

$$v_x \cdot dz \cdot dy + \frac{\partial v_x}{\partial x} \cdot dx \cdot dy \cdot dz + v_z \cdot dx \cdot dy + \frac{\partial v_z}{\partial z} \cdot dz \cdot dx \cdot dy \qquad (\text{m}^3/\text{s}) \ (1.2)$$

Wenn das durchströmte Volumen unveränderlich ist, so müssen die Gl. (1.1) und (1.2) einander gleich sein, und man erhält:

$$\frac{\partial v_x}{\partial x} \cdot dx \cdot dy \cdot dz + \frac{\partial v_z}{\partial z} \cdot dx \cdot dy \cdot dz = 0 \qquad (1.3)$$

oder:

$$\frac{\partial v_x}{\partial x} + \frac{\partial v_z}{\partial z} = 0 \qquad (1.4)$$

Mit dem Gesetz von DARCY:

$$v_x = - k_x \cdot \frac{\partial h}{\partial x} \quad und \quad v_z = - k_z \cdot \frac{\partial h}{\partial z} \quad (m/s) \quad (1.5)$$

erhält man schließlich aus der Gl. (1.4):

$$k_x \cdot \frac{\partial^2 h}{\partial x^2} + k_z \cdot \frac{\partial^2 h}{\partial z^2} = 0 \qquad (1.6)$$

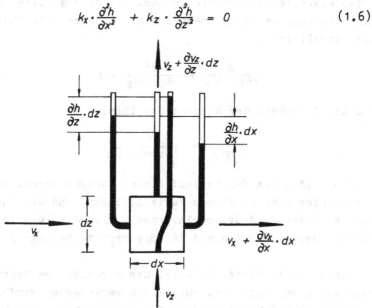

Abb. 1.2   Fließgeschwindigkeiten an den Seiten eines
Bodenelementes.

In einem isotropen Material mit gleicher Durchlässigkeit
in der x-Richtung und z-Richtung ist $k_x = k_z$, und die Durchlässigkeitsbeiwerte kürzen sich aus der Gleichung heraus:

$$\frac{\partial^2 h}{\partial x^2} + \frac{\partial^2 h}{\partial z^2} = 0 \qquad (1.7)$$

Die Gl. (1.7) stellt die Laplacesche Strömungsgleichung
dar. Sie besagt: Bei gleichbleibendem Rauminhalt entspricht

jede Änderung des hydraulischen Gradienten in der x-Richtung einer Änderung mit negativem Vorzeichen in der z-Richtung. Mit dem Potential der Strömung ϕ = k·h ist:

$$\frac{\partial^2 \phi}{\partial x^2} + \frac{\partial^2 \phi}{\partial z^2} = 0 \qquad (1.8)$$

Die Differentialgleichung (1.8) ist die bekannte Grund-
gleichung der Potentialtheorie. Als Lösung ergibt sich eine
Schar von Kurven, die sich unter rechten Winkeln schneiden.
Die eine Schar der Kurven stellt die Stromlinien und die
andere die Äquipotentiallinien eines Strömungsnetzes dar.
Beispielsweise ist für die in Abb. 1.1 dargestellte Spundwand bei Annahme eines unendlichen Halbraumes die Gleichung
der Stromlinien:

$$\frac{x^2}{t^2 \cdot Cosh^2 \psi} + \frac{z^2}{t^2 \cdot Sinh^2 \psi} = 1 \qquad (1.9)$$

und die Gleichung der Äquipotentiallinien:

$$\frac{x^2}{t^2 \cdot cos^2 \varphi} - \frac{z^2}{t^2 \cdot sin^2 \varphi} = 1 \qquad (1.10)$$

Abb. 1.3 zeigt den Verlauf dieser Kurvenscharen. Die
Stromlinien sind in diesem Falle Ellipsen, und die Äquipotentiallinien sind Hyperbeln. ψ und φ sind die Parameter
dieser Kurven. Der Abstand der Brennpunkte beträgt 2 t.

Wenn, wie in dieser Aufgabe, das durchlässige Medium
nach unten begrenzt ist, müssen die veränderten Randbedingungen berücksichtigt werden. Die Kurvenscharen erfahren
durch diese Änderung der Randbedingungen eine erhebliche
Veränderung, und es ist in den meisten Fällen nicht praktisch und oft auch nicht möglich, das Strömungsnetz rein
analytisch zu bestimmen. Es hat sich gezeigt, daß es in der
Mehrzahl der Fälle praktischer ist, das Strömungsnetz durch
ein graphisches Näherungsverfahren zu bestimmen, dessen Ergebnisse für die Berechnung von Versickerungsverlusten und
Auftriebsdrücken hinreichend genau sind.

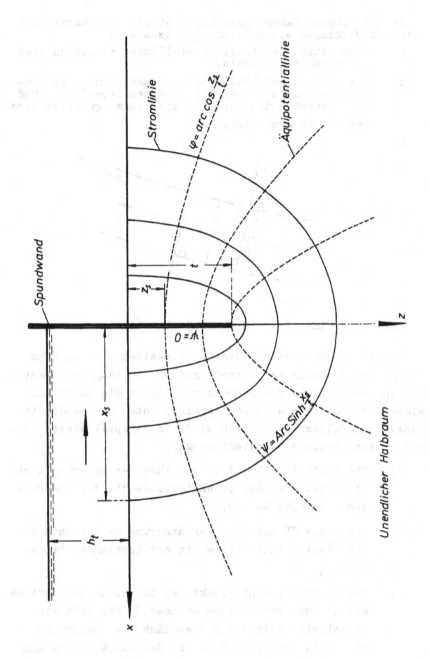

Abb. 1.3   Strömung unter einer Spundwand im
           unendlichen Halbraum.

Die graphische Näherungslösung geht von den charakteristischen Merkmalen eines Strömungsnetzes aus:

a)   Stromlinien und Äquipotentiallinien schneiden sich
      unter rechten Winkeln.

b)   Der Abstand der Mittellinien b und l in einem Ein-
      zelfeld, das aus zwei benachbarten Stromlinien und
      zwei benachbarten Äquipotentiallinien gebildet wird,
      ist gleich groß (Abb. 1.4).

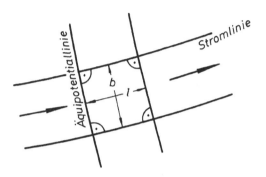

Abb. 1.4 Einzelfeld in einem Strömungsnetz.

Unter Beachtung dieser Gesetzmäßigkeiten wird zunächst
ein grobes Strömungsnetz gezeichnet und so lange verbessert,
bis an jeder Stelle die charakteristischen Eigenschaften
eines Strömungsnetzes vorhanden sind, wobei die Randbedingungen sorgfältig zu beachten sind. Im Beispiel dieser Aufgabe gelten folgende Randbedingungen:

a)   Die Linie AB (Abb. 1.5) und ihre Verlängerung nach
      links ist eine Äquipotentiallinie mit der konstan-
      ten Druckhöhe h_t = 3,0 m.

b)   Die Linie CD und ihre Verlängerung nach rechts ist
      eine Äquipotentiallinie mit der konstanten Druck-
      höhe h_t = 0.

c)   Vom Punkt A (Schnittpunkt des durchlässigen Mediums
      mit der undurchlässigen Spundwand) verläuft eine
      Stromlinie entlang der Oberfläche der Spundwand ab-
      wärts bis zum Punkt E und wieder aufwärts bis zum
      Punkt C.

d)   Die Linie FG und ihre Verlängerung nach beiden Sei-
      ten ist eine Stromlinie.

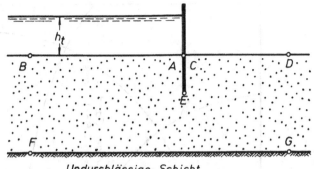

Undurchlässige Schicht

Abb. 1.5 Bestimmung der Randbedingungen zur graphi-
          schen Ermittlung eines Strömungsnetzes.

Abb. 1.6 zeigt das endgültige Strömungsnetz, in dem alle
charakteristischen Merkmale erfüllt und die Randbedingungen
berücksichtigt sind.

Die Sickerwassermenge läßt sich in einfacher Weise aus
dem Strömungsnetz berechnen. Für ein Einzelfeld (Abb. 1.4)
ist der Durchfluß:

$$\Delta q = k \cdot i \cdot b = k \cdot \frac{\Delta h}{l} \cdot b \quad \left(\frac{m^3}{m \cdot s}\right) \quad (1.11)$$

oder, da ja in einem Strömungsnetz b = 1 sein muß:

$$\Delta q = k \cdot \Delta h \quad \left(\frac{m^3}{m \cdot s}\right) \quad (1.12)$$

Die Wassermenge, die durch ein Einzelfeld fließt, muß
auch im gesamten Strömungskanal zwischen zwei benachbarten
Stromlinien fließen. Der gesamte Durchfluß muß also der
Summe der Durchflüsse in den vorhandenen Strömungskanälen
entsprechen:

$$Q = n_2 \cdot \Delta q = n_2 \cdot k \cdot \Delta h \quad \left(\frac{m^3}{m \cdot s}\right) \quad (1.13)$$

n_2 = Anzahl der Strömungskanäle.

Setzt man noch für : $\Delta h = \frac{h_t}{n_1}$

mit n_1 = Anzahl der Potentialstufen, so ist die gesamte
versickernde Wassermenge, bezogen auf die Einheitslänge
normal zur Berechnungsebene:

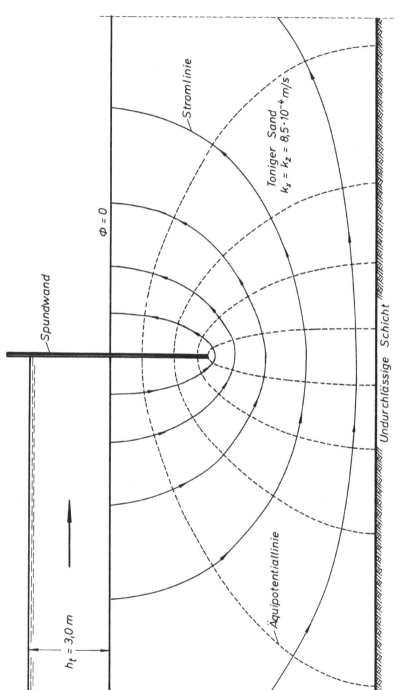

Abb. 1.6 Strömungsnetz unter einer Spundwand in einem tonigen Sand auf einer undurchlässigen Schicht.

$$Q = \frac{n_2}{n_1} \cdot k \cdot h_t \qquad \left(\frac{m^3}{m \cdot s}\right) \qquad (1.14)$$

Lösung

Im Strömungsnetz (Abb. 1.6) zählt man die Anzahl der Strömungskanäle n_2 und die Anzahl der Potentialstufen n_1 ab. Es ist:

$$n_2 = 5,4 \qquad \text{und} \qquad n_1 = 9$$

Vom untersten Strömungskanal werden infolge der unteren Begrenzung nur 4/10 der Breite des Strömungskanals wirksam. Auf der gegebenen Breite von 40 m beträgt die Sickerwassermenge nach Gl. (1.14):

$$Q = 40 \cdot \frac{5,4}{9} \cdot 8,5 \cdot 10^{-4} \cdot 3,0 = 612 \cdot 10^{-4} \, m^3/s = 61 \, l/s$$

Ergebnisse

Aus der Gl. (1.14) ist unmittelbar ersichtlich, daß die Versickerung zunimmt, wenn der Durchlässigkeitsbeiwert k und die Druckhöhe h_t zunehmen. Diese beiden Werte lassen sich nur in sehr seltenen Fällen durch bauliche Maßnahmen verändern. Wenn man also die Sickerwassermenge verringern will, bleibt nur eine Veränderung des Strömungsnetzes in der Form, daß die Anzahl der Strömungskanäle geringer oder die Anzahl der Potentialstufen größer wird. Das läßt sich offensichtlich nur erreichen, indem die Spundwand tiefer gerammt wird.

In Abb. 1.7 ist das Ergebnis einer erweiterten Untersuchung der Abhängigkeit der Sickerwassermenge von der Rammtiefe des vorliegenden Beispieles aufgetragen. Bei einer Rammtiefe von nur 1,0 m versickern rund 100 l/s. Dieser Wert wird auf die Hälfte reduziert, wenn die Spundwand 5,0 m tief gerammt wird.

Der Ingenieur wird zu prüfen haben, welche Rammtiefe die

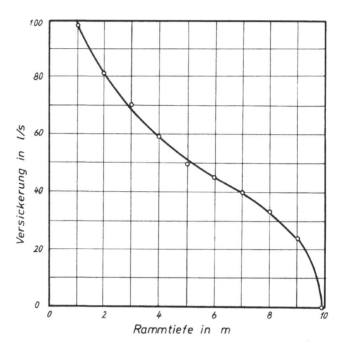

Abb. 1.7 Abhängigkeit der Sickerwassermenge von der Rammtiefe der Spundwand.

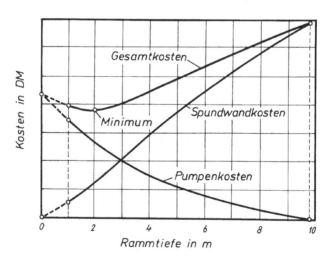

Abb. 1.8 Ermittlung der minimalen Kosten
für Spundwandrammung und Pumpbetrieb.

wirtschaftlichste Lösung für den vorliegenden Fall ergibt.
Trägt man zu diesem Zwecke die Summe der Spundwandkosten
und Pumpenkosten in Abhängigkeit von der Rammtiefe als Diagramm auf, so ergibt sich ein ausgeprägtes Minimum der Ge-
samtkosten bei einer bestimmten Rammtiefe (Abb. 1.8).

Diese Wirtschaftlichkeitsuntersuchung erfordert allerdings den Entwurf mehrerer Strömungsnetze. In der Aufgabe 8
wird aber noch gezeigt, wie diese umfangreiche Zeichenar-
beit umgangen werden kann, so daß die Prüfung der wirt-
schaftlichsten Rammtiefe ohne übermäßigen Arbeitsaufwand
erfolgen kann.

Aufgabe 2   Ermittlung eines ebenen Strömungsnetzes nach dem Differenzenverfahren und Berechnung der Versickerungsverluste unterhalb eines Wehres $(k_x = k_z = const)$

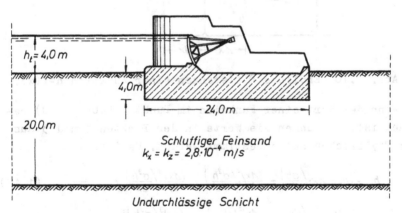

Abb. 1.9 Querschnitt durch eine Wehranlage.

Abb. 1.9 zeigt einen Querschnitt durch eine Wehranlage.
Der höchste Wasserstand des gestauten Flusses beträgt 4 m
über der Flußsohle. In 20,0 m Tiefe unter der Flußsohle
steht eine wasserundurchlässige Schicht aus Mergel an. Die
Wehranlage ist in einer Schicht aus schluffigem Feinsand
gegründet. Der Durchlässigkeitsbeiwert in vertikaler und

horizontaler Richtung beträgt $k_x = k_z = 2,8 \cdot 10^{-4}$ m/s.

Zeichne das Strömungsnetz unter Verwendung des Differen-
zenverfahrens.

Wie groß sind die Versickerungsverluste je 1 lfd. m der
Wehranlage?

Grundlagen

Die Strömungsgleichung von LAPLACE kann numerisch durch
die Einführung endlicher Differenzen anstelle der Differentialquotienten gelöst werden.

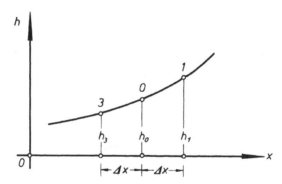

Abb. 1.10   Endliche Differenzen einer Funktion h=f(x).

Wenn der Wert einer Funktion im Punkt 0 (Abb. 1.10) bekannt ist, so können die Werte in den Punkten 1 und 3 aus
der Taylorschen Reihe bestimmt werden. Es ist:

$$h_1 = h_0 + \Delta x \cdot \left(\frac{dh}{dx}\right)_0 + \frac{(\Delta x)^2}{2!} \cdot \left(\frac{d^2h}{dx^2}\right)_0 + \frac{(\Delta x)^3}{3!} \cdot \left(\frac{d^3h}{dx^3}\right)_0 + \cdots\cdots \qquad (1.15)$$

$$h_3 = h_0 - \Delta x \cdot \left(\frac{dh}{dx}\right)_0 + \frac{(\Delta x)^2}{2!} \cdot \left(\frac{d^2h}{dx^2}\right)_0 - \frac{(\Delta x)^3}{3!} \cdot \left(\frac{d^3h}{dx^3}\right)_0 + \cdots\cdots \qquad (1.16)$$

Die Gl. (1.16) von der Gl. (1.15) abgezogen, ergibt:

$$\left(\frac{dh}{dx}\right)_0 = \frac{1}{2\Delta x} \cdot (h_1 - h_3) - \frac{(\Delta x)^3}{3!} \cdot \left(\frac{d^3h}{dx^3}\right)_0 \qquad (1.17)$$

Für kleine Werte von Δx können alle Ausdrücke, in denen

Potenzen von Δx vorkommen, vernachlässigt werden, und man erhält:

$$\left(\frac{dh}{dx}\right)_0 = \frac{1}{2\Delta x}\cdot(h_1 - h_3) \qquad (1.18)$$

Addiert man die Gl. (1.15) und (1.16), so erhält man analog:

$$\left(\frac{d^2h}{dx^2}\right)_0 = \frac{1}{(\Delta x)^2}\cdot(h_1 + h_3 - 2h_0) \qquad (1.19)$$

Wenn h sowohl in der x-Richtung als auch in der z-Richtung variabel ist, ergeben sich folgende endliche Differenzen der partiellen Differentialquotienten (Abb. 1.11):

$$\left(\frac{\partial h}{\partial x}\right)_0 = \frac{1}{2\Delta x}\cdot(h_1 - h_3) \qquad (1.20)$$

$$\left(\frac{\partial h}{\partial z}\right)_0 = \frac{1}{2\Delta z}\cdot(h_2 - h_4) \qquad (1.21)$$

$$\left(\frac{\partial^2 h}{\partial x^2}\right)_0 = \frac{1}{\Delta x^2}\cdot(h_1 + h_3 - 2h_0) \qquad (1.22)$$

$$\left(\frac{\partial^2 h}{\partial z^2}\right)_0 = \frac{1}{\Delta z^2}\cdot(h_2 + h_4 - 2h_0) \qquad (1.23)$$

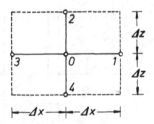

Abb. 1.11 Benennung der Rasterpunkte bei ebener Veränderlichkeit der Funktion.

Setzt man die Gl. (1.22) und (1.23) in die Laplacesche Strömungsgleichung (1.7) ein, so erhält man:

$$\frac{k}{(\Delta x)^2}\cdot(h_1 + h_3 - 2h_0) + \frac{k}{(\Delta z)^2}\cdot(h_2 + h_4 - 2h_0) = 0 \qquad (1.24)$$

Für den Fall $\Delta z = \Delta$x, der bei der Konstruktion eines Strömungsnetzes aus praktischen Gründen immer anzustreben ist, wird schließlich:

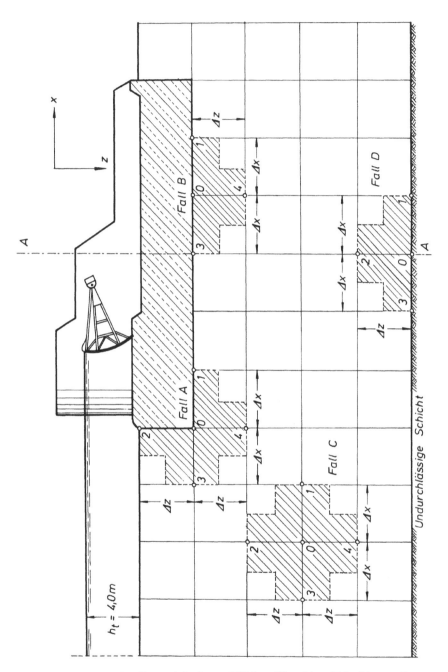

Abb. 1.12 Verschiedene Fälle für die Ableitung der
Kontinuitätsbedingungen in einem Strömungsnetz.

$$4h_0 - h_1 - h_2 - h_3 - h_4 = 0 \qquad (1.25)$$

Mit der Gl. (1.25) kann numerisch geprüft werden, ob die Kontinuitätsbedingung in einem Strömungsnetz erfüllt ist. Die Gl. (1.25) gilt jedoch nur für den Bereich eines Strömungsnetzes, in dem keiner der integrierenden Punkte in eine Grenzlinie fällt. An den Rändern oder Grenzen eines Strömungsnetzes nehmen die Kontinuitätsbedingungen andere Formen an. In Abb. 1.12 sind vier verschiedene Fälle für Kontinuitätsbedingungen dargestellt. Unter Anwendung des Gesetzes von DARCY kann man für den Fall A auch schreiben:

$$q_{(3-0)} = k \cdot \frac{(h_0 - h_3)}{\Delta x} \cdot \Delta x$$

$$q_{(2-0)} = k \cdot \frac{(h_0 - h_2)}{\Delta x} \cdot \frac{\Delta x}{2}$$

$$q_{(0-1)} = k \cdot \frac{(h_1 - h_0)}{\Delta x} \cdot \frac{\Delta x}{2}$$

$$q_{(0-4)} = k \cdot \frac{(h_4 - h_0)}{\Delta x} \cdot \Delta x$$

$$q_{(3-0)} + q_{(2-0)} = q_{(0-1)} + q_{(0-4)}$$

$$h_0 - h_3 + \frac{1}{2}h_0 - \frac{1}{2}h_2 = \frac{1}{2}h_1 - \frac{1}{2}h_0 + h_4 - h_0$$

Die Kontinuitätsbedingung für den Fall A ist somit erfüllt, wenn:

$$6h_0 - h_1 - h_2 - 2h_3 - 2h_4 = 0 \qquad \text{ist.} \quad (1.26)$$

Für den Fall B ist:

$$q_{(3-0)} = k \cdot \frac{(h_0 - h_3)}{\Delta x} \cdot \frac{\Delta x}{2}$$

$$q_{(0-1)} = k \cdot \frac{(h_1 - h_0)}{\Delta x} \cdot \frac{\Delta x}{2}$$

$$q_{(0-4)} = k \cdot \frac{(h_4 - h_0)}{\Delta x} \cdot \Delta x$$

$$q_{(3-0)} = q_{(0-1)} + q_{(0-4)}$$

1. Ebene Potentialbewegung

$$h_0 - h_3 = h_1 - h_0 + 2h_4 - 2h_0$$

Die Kontinuitätsbedingung ist somit erfüllt, wenn:

$$4h_0 - h_1 - h_3 - 2h_4 = 0 \qquad \text{ist.} \qquad (1.27)$$

Für den <u>Fall C</u> ist:

$$q_{(3-0)} = k \cdot \frac{(h_0 - h_3)}{\Delta x} \cdot \Delta x$$

$$q_{(4-0)} = k \cdot \frac{(h_0 - h_4)}{\Delta x} \cdot \Delta x$$

$$q_{(0-2)} = k \cdot \frac{(h_2 - h_0)}{\Delta x} \cdot \Delta x$$

$$q_{(0-1)} = k \cdot \frac{(h_1 - h_0)}{\Delta x} \cdot \Delta x$$

$$q_{(3-0)} + q_{(4-0)} = q_{(0-2)} + q_{(0-1)}$$

$$h_0 - h_3 + h_0 - h_4 = h_2 - h_0 + h_1 - h_0$$

Die Kontinuitätsbedingung ist somit erfüllt, wenn:

$$4h_0 - h_1 - h_2 - h_3 - h_4 = 0 \qquad (1.28)$$

ist. Die Gl. (1.28) entspricht der Gl. (1.25).

Für den <u>Fall D</u> ist:

$$q_{(3-0)} = k \cdot \frac{(h_0 - h_3)}{\Delta x} \cdot \frac{\Delta z}{2}$$

$$q_{(0-2)} = k \cdot \frac{(h_2 - h_0)}{\Delta z} \cdot \Delta x$$

$$q_{(0-1)} = k \cdot \frac{(h_1 - h_0)}{\Delta x} \cdot \frac{\Delta z}{2}$$

$$q_{(3-0)} = q_{(0-2)} + q_{(0-1)}$$

$$\frac{\Delta z}{\Delta x}\cdot(h_0 - h_3) = \frac{\Delta x}{\Delta z}\cdot(2h_2 - 2h_0) + \frac{\Delta z}{\Delta x}\cdot(h_1 - h_0)$$

$$2\cdot\frac{\Delta z}{\Delta x}\cdot h_0 + 2\cdot\frac{\Delta x}{\Delta z}\cdot h_0 - \frac{\Delta z}{\Delta x}\cdot h_1 - 2\cdot\frac{\Delta x}{\Delta z}\cdot h_2 - \frac{\Delta z}{\Delta x}\cdot h_3 = 0$$

Die Kontinuitätsbedingung ist somit erfüllt, wenn:

$$2h_0\cdot\left(\frac{\Delta z}{\Delta x} + \frac{\Delta x}{\Delta z}\right) - \frac{\Delta z}{\Delta x}\cdot h_1 - 2\cdot\frac{\Delta x}{\Delta z}\cdot h_2 - \frac{\Delta z}{\Delta x}\cdot h_3 = 0 \qquad (1.29)$$

ist. Wenn $\Delta x = \Delta z$ gesetzt wird, ist:

$$4\,h_0 - h_1 - 2h_2 - h_3 = 0 \qquad (1.30)$$

Zur Lösung der Aufgabe legt man in den zu untersuchenden Bereich einen Raster, dessen Punkte untereinander den gleichen Abstand haben (Abb. 1.12). Es ist zweckmäßig, mit dem Raster an der oberen Begrenzung des durchlässigen Mediums zu beginnen, falls dann an der unteren Begrenzung $\Delta x \neq \Delta z$ ist, kann dort die Gl. (1.29) angewendet werden, die für unterschiedliche Rasterabstände in der x-Richtung und z-Richtung Gültigkeit hat.

In diesen Raster werden zunächst Äquipotentiallinien so eingezeichnet, wie sie nach der Erfahrung angenähert verlaufen könnten (Abb. 1.14). Aus diesen angenäherten Äquipotentiallinien werden in den Rasterpunkten die angenäherten Druckhöhen in Prozent der maximalen Druckhöhe h_t angeschrieben.

Im nächsten Schritt wird für jeden Rasterpunkt geprüft, ob die Kontinuitätsbedingungen erfüllt sind. Zur Übersichtlichkeit werden die Summen der Kontinuitätsgleichungen der verschiedenen Fälle A bis D in einen weiteren Raster (Abb. 1.13) eingetragen. Wenn die Summe von Null abweicht, müssen die Druckhöhen für einen solchen Punkt korrigiert werden.

Beim ersten Versuch wird man fast immer von Null abweichende Summen der Kontinuitätsgleichungen vorfinden, so daß eine mehr oder weniger große Ausgleichsarbeit nötig wird.

Ändert man den Wert eines Rasterpunktes, so ändert sich
zwangsläufig die Summe der Kontinuitätsgleichung dieses
Punktes und die jedes der angrenzenden Punkte. Mit etwas
Übung hat man schnell erkannt, wie sich die Änderung eines
Punktes oder einer Anzahl von Punkten im Raster auswirkt.

Wird die Druckhöhe eines Punktes, der zum Fall C gehört,
um 1 % erhöht, so erhöht sich die Summe der zugehörigen
Kontinuitätsgleichung um 4 %, während sich die Summe der
Kontinuitätsgleichungen der angrenzenden vier Punkte jeweils um 1 % erniedrigt. Beispiel: Änderung des Punktes D5
von 78 % auf 79 %.

Ausnahme: Wenn ein angrenzender Punkt in eine Begren-
zungslinie (z.B. Achse F, Grenze zwischen durchlässiger und
undurchlässiger Schicht) fällt, so erniedrigt sich die
Summe der Kontinuitätsgleichung für diesen Punkt um 2 %.
Beispiel: Änderung des Punktes E5 von 76 % auf 77 %.

Wird die Druckhöhe eines Punktes, der zum Fall B oder D
gehört, um 1 % erhöht, so erhöht sich die Summe der zugehörigen Kontinuitätsgleichung um 4 %, während sich die
Summe der Kontinuitätsgleichungen der angrenzenden drei
Punkte um jeweils 1 % erniedrigt.

Lösung

In der beschriebenen Weise wurden die Druckhöhen in den
Rasterpunkten der Abb. 1.14 ermittelt und die Summen der
entsprechenden Kontinuitätsgleichungen in Abb. 1.13 an jedem Rasterpunkt angeschrieben. Es wurde nur das halbe Strömungsnetz untersucht, da in diesem Falle um die Mittellinie
A-A Symmetrie vorliegt. Die Mittellinie ist außerdem eine
Äquipotentiallinie für 50 % der Druckhöhe h_t.

Im Punkt B4 ergab sich eine Abweichung von − 5 %, daher
wurde die Druckhöhe von 83 % auf 84 % erhöht. Die Änderungen, die die Kontinuitätsgleichungen der drei angrenzenden
Punkte B5, C4 und B3 erfahren, sind in Klammern angegeben.

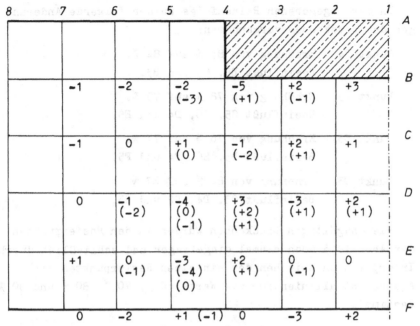

Abb. 1.13 Summen der Kontinuitätsgleichungen.

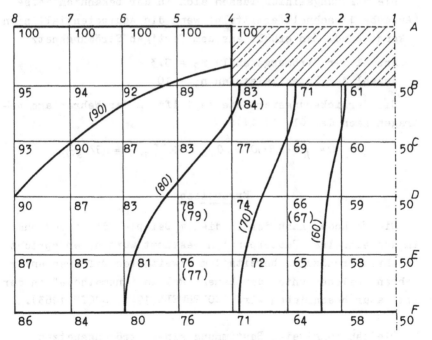

Abb. 1.14 Druckhöhen in Prozent der maximalen Druckhöhe h_t.

In der angegebenen Reihenfolge wurden folgende Änderungen der Druckhöhen vorgenommen:

Punkt B4   Erhöhung von 83 % auf 84 %.
           Beeinflußt B5, C4 und B3.

Punkt D5   Erhöhung von 78 % auf 79 %.
           Beeinflußt C5, D6, D4 und E5.

Punkt E5   Erhöhung von 76 % auf 77 %.
           Beeinflußt D5, E6, E4 und F5.

Punkt D3   Erhöhung von 66 % auf 67 %.
           Beeinflußt C3, D4, D2 und E3.

Die endgültigen Druckhöhen wurden in den Rasterpunkten der Abb. 1.15 noch einmal eingetragen und schließlich durch Interpolation zwischen den einzelnen Rasterpunkten die Äquipotentiallinien für die Werte 60 %, 70 %, 80 % und 90 % bestimmt.

Die Strömungslinien lassen sich in der bekannten Weise (Aufgabe 1) schnell ermitteln, wenn die Äquipotentiallinien bekannt sind. Man erhält aus dem fertigen Strömungsnetz:

Anzahl der Strömungskanäle n_2 = 3,3
Anzahl der Potentialstufen n_1 = 10

Die Versickerungsverluste je 1 lfd. m der Wehranlage betragen nach der Gl. (1.14):

$$Q = \frac{3,3}{10} \cdot 2,8 \cdot 10^{-4} \cdot 4,0 = 3,7 \cdot 10^{-4} \frac{m^3}{s \cdot m} = 0,37 \frac{l}{s \cdot m}$$

Ergebnisse

Die Methode, nach der in diesem Beispiel die Druckhöhen in den einzelnen Rasterpunkten bestimmt wurden, entspricht in ihren Grundzügen bereits dem erweiterten Differenzenverfahren, welches unter dem Namen "Relaxationsmethode" in der Literatur beschrieben wird (SOUTHWELL 1946, SCOTT 1963).

Die näherungsweise Bestimmung eines Strömungsnetzes durch die Änderung jeweils eines einzelnen Punktes in einem

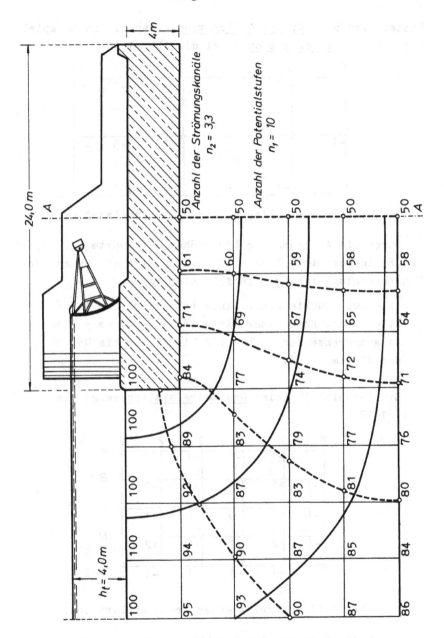

Abb. 1.15 Ermittlung der Äquipotentiallinien
aus dem endgültigen Raster (Abb. 1.14).

Raster wird auch <u>Einheitsrelaxation</u> genannt. Ein Beispiel
für eine <u>Linienrelaxation</u> zeigt die Abb. 1.16.

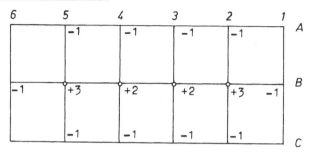

Abb. 1.16 Beispiel einer Linienrelaxation.

Durch die Änderung der Druckhöhen der Punkte B2, B3, B4
und B5 in der Linie B um + 1 % ändern sich die Summen der
Kontinuitätsgleichungen in folgender Weise:

Alle Außenpunkte einer Linie (B5 und B2) um + 3 %.
Alle Innenpunkte einer Linie (B3 und B4) um + 2 %.
Alle angrenzenden Punkte (A2 bis A5, C2 bis C5, B6
und B1) um - 1 %.

Ein Beispiel für eine <u>Gruppenrelaxation</u> zeigt die
Abb. 1.17.

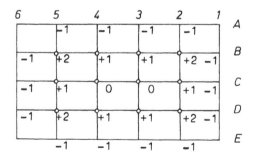

Abb. 1.17 Beispiel einer Gruppenrelaxation.

Durch die Änderung der Druckhöhen der Gruppen:

B2, B3, B4, B5,

C2, C3, C4, C5,

D2, D3, D4, D5,

um + 1 % ändern sich die Summen der Kontinuitätsgleichungen in folgender Weise:

Alle Außenpunkte - ausgenommen Eckpunkte - (B3, B4, C2, C5, D3 und D4) um + 1 %.

Alle Innenpunkte (C3 und C4) bleiben unverändert.

Alle Eckpunkte (B2, B5, D2 und D5) um + 2 %.

Alle angrenzenden Punkte (siehe Abb. 1.17) um - 1 %.

In den meisten Fällen werden die Achsen des Rasters nicht überall mit den Grenzen eines Strömungsnetzes übereinstimmen. Man begeht nur einen unbedeutenden Fehler, wenn man die Grenzen eines Strömungsnetzes überall mit den Achsen eines doppelsymmetrischen Rasters zusammenlegt. Die Genauigkeit der Ergebnisse wird um so größer sein, je enger der Abstand der Rasterachsen gewählt wird.

Wie man der Abb. 1.13 entnehmen kann, wurde die Näherungsrechnung nicht für alle Rasterpunkte so weit fortgeführt, daß die Summe der Kontinuitätsgleichungen stets exakt gleich Null wird. Die Anforderungen an die Genauigkeit brauchen für praktische Zwecke nicht zu hoch geschraubt zu werden, denn die Ungenauigkeiten bei der Bestimmung des Durchlässigkeitsbeiwertes sind im allgemeinen wesentlich größer und können die Berechnung der Sickerwassermenge wesentlich stärker beeinflussen als jene kleinen Abweichungen im Strömungsnetz, die entstehen können, wenn nicht alle Kontinuitätsgleichungen nach dem Ausgleich exakt den Wert Null haben.

Schreibt man die hier abgeleiteten Kontinuitätsgleichungen für jeden Punkt des Rasters an, so erhält man unter Berücksichtigung der Randbedingungen ein lineares Gleichungssystem, das sich je nach der Wahl der Rasterabstände und der Größe des Problemgebietes aus mehreren hundert Gleichungen mit den entsprechenden Unbekannten zusammensetzen kann. Anstelle der Relaxationsmethode kann daher auch dieses Gleichungssystem unter Verwendung eines Computers gelöst werden. Wenn die mathematische Aufgabe einmal pro-

grammiert ist, steht ein schnelles und wirtschaftliches
Lösungsverfahren zur Verfügung, das vor allen Dingen auch
bei der Untersuchung von Sickerströmungen in nichthomogenen Böden von großem Wert ist.

Aufgabe 3   Ermittlung eines ebenen Strömungsnetzes
in nichthomogenem Material nach dem Differenzenverfahren und Berechnung der Versickerungsverluste unter einem Wehr

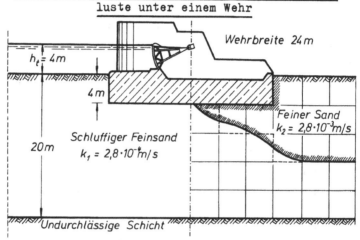

Abb. 1.18   Querschnitt durch eine Wehranlage.

Abb. 1.18 zeigt die gleiche Wehranlage, für die bereits
in der Aufgabe 2 die Versickerungsverluste in einem homogenen isotropen Boden ermittelt wurden. In dieser Aufgabe ist
der Untergrund jedoch nicht homogen. An der Unterwasserseite
befindet sich eine Sandschicht mit einem Durchlässigkeitsbeiwert von $k_2 = 2,8 \cdot 10^{-3}$ m/s. Die beiden gegebenen Durchlässigkeitsbeiwerte verhalten sich zueinander wie:

$$\frac{k_1}{k_2} = \frac{1}{10}$$

Zeichne das Strömungsnetz unter Verwendung des Differen-
zenverfahrens.

Wie groß sind die Versickerungsverluste unter der Wehranlage?

Grundlagen

Das Differenzenverfahren hat den Vorteil, daß mit seiner
Hilfe auch Äquipotentiallinien in nichthomogenen Böden ermittelt werden können. Analog zu den Ableitungen, die bereits in der Aufgabe 2 gegeben wurden, erhält man an den
Grenzen zwischen zwei Böden mit verschiedenen Durchlässigkeitsbeiwerten für die in Abb. 1.19 aufgeführten Fälle und
bei der Anordnung des Rasters mit den Abständen $\Delta x = \Delta z$
die folgenden Kontinuitätsbedingungen:

Fall A

$$q_{(3-0)} = \frac{1}{2} \cdot k_1 \cdot (h_0 - h_3)$$

$$q_{(4-0)} = \frac{1}{2} \cdot (k_1 + k_2) \cdot (h_0 - h_4)$$

$$q_{(0-1)} = \frac{1}{2} \cdot k_2 \cdot (h_1 - h_0)$$

$$q_{(3-0)} + q_{(4-0)} - q_{(0-1)} = 0$$

$$\frac{1}{2} \cdot k_1 \cdot (h_0 - h_3) + \frac{1}{2} \cdot (k_1 + k_2) \cdot (h_0 - h_4) - \frac{1}{2} \cdot k_2 (h_1 - h_0) = 0$$

$$\frac{k_1}{k_1 + k_2} \cdot (h_0 - h_3) + h_0 - h_4 - \frac{k_2}{k_1 + k_2} \cdot (h_1 - h_0) = 0$$

$$\frac{k_1}{k_1 + k_2} \cdot h_0 - \frac{k_1}{k_1 + k_2} \cdot h_3 + h_0 - h_4 - \frac{k_2}{k_1 + k_2} \cdot h_1 + \frac{k_2}{k_1 + k_2} \cdot h_0 = 0$$

Die Kontinuitätsbedingung ist also erfüllt, wenn:

$$2 h_0 - \frac{k_2}{k_1 + k_2} \cdot h_1 - \frac{k_1}{k_1 + k_2} \cdot h_3 - h_4 = 0 \qquad (1.31)$$

Fall B

$$q_{(3-0)} = k_1 \cdot (h_0 - h_3)$$

$$q_{(4-0)} = k_1 \cdot (h_0 - h_4)$$

$$q_{(0-1)} = \frac{1}{2} \cdot (k_1 + k_2) \cdot (h_1 - h_0)$$

$$q_{(0-2)} = \frac{1}{2} \cdot (k_1 + k_2) \cdot (h_2 - h_0)$$

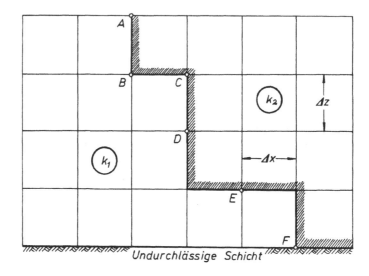

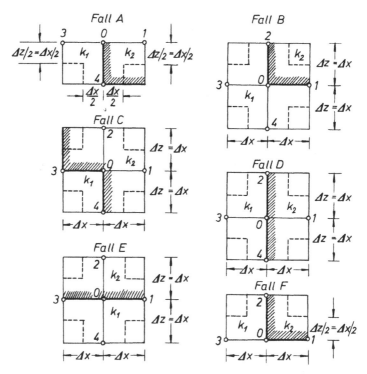

Abb. 1.19 Verschiedene Fälle für die Ableitung der Kontinuitätsbedingungen an der Grenze zwischen Böden mit verschiedenen Durchlässigkeitsbeiwerten.

$$q_{(3-0)} + q_{(4-0)} - q_{(0-1)} - q_{(0-2)} = 0$$

$$k_1 \cdot (h_0 - h_3) + k_1 \cdot (h_0 - h_4) - \frac{k_1 + k_2}{2} \cdot (h_1 - h_0) - \frac{k_1 + k_2}{2} \cdot (h_2 - h_0) = 0$$

$$\frac{2k_1}{k_1 + k_2} \cdot (h_0 - h_3) + \frac{2k_1}{k_1 + k_2} \cdot (h_0 - h_4) - h_1 + h_0 - h_2 + h_0 = 0$$

Die Kontinuitätsbedingung ist also erfüllt, wenn:

$$\left(4 \cdot \frac{k_1}{k_1 + k_2} + 2 \right) \cdot h_0 - h_1 - h_2 - \frac{2k_1}{k_1 + k_2} \cdot h_3 - \frac{2k_1}{k_1 + k_2} \cdot h_4 = 0 \quad (1.32)$$

Fall C

$$q_{(3-0)} = \frac{1}{2} \cdot (k_1 + k_2) \cdot (h_0 - h_3)$$

$$q_{(4-0)} = \frac{1}{2} \cdot (k_1 + k_2) \cdot (h_0 - h_4)$$

$$q_{(0-2)} = k_2 \cdot (h_2 - h_0)$$

$$q_{(0-1)} = k_2 \cdot (h_1 - h_0)$$

$$q_{(3-0)} + q_{(4-0)} - q_{(0-2)} - q_{(0-1)} = 0$$

$$\frac{k_1 + k_2}{2} \cdot (h_0 - h_3) + \frac{k_1 + k_2}{2} \cdot (h_0 - h_4) - k_2 \cdot (h_2 - h_0) - k_2 \cdot (h_1 - h_0) = 0$$

Die Kontinuitätsbedingung ist also erfüllt, wenn:

$$\left(4 \cdot \frac{k_2}{k_1 + k_2} + 2 \right) \cdot h_0 - \frac{2k_2}{k_1 + k_2} \cdot h_1 - \frac{2k_2}{k_1 + k_2} \cdot h_2 - h_3 - h_4 = 0 \quad (1.33)$$

Fall D

$$q_{(3-0)} = k_1 \cdot (h_0 - h_3)$$

$$q_{(4-0)} = \frac{1}{2} \cdot (k_1 + k_2) \cdot (h_0 - h_4)$$

$$q_{(0-1)} = k_2 \cdot (h_1 - h_0)$$

$$q_{(0-2)} = \frac{1}{2} \cdot (k_1 + k_2) \cdot (h_2 - h_0)$$

$$q_{(3-0)} + q_{(4-0)} - q_{(0-1)} - q_{(0-2)} = 0$$

$$k_1 \cdot (h_0 - h_3) + \frac{k_1 + k_2}{2} \cdot (h_0 - h_4) - k_2 \cdot (h_1 - h_0) - \frac{k_1 + k_2}{2} \cdot (h_2 - h_0) = 0$$

$$\frac{2k_1}{k_1 + k_2} \cdot h_0 - \frac{2k_1}{k_1 + k_2} \cdot h_3 + 2h_0 - h_4 - h_2 - \frac{2k_2}{k_1 + k_2} \cdot h_1 + \frac{2k_2}{k_1 + k_2} \cdot h_0 = 0$$

Die Kontinuitätsbedingung ist also erfüllt, wenn:

$$4h_0 - \frac{2k_2}{k_1 + k_2} \cdot h_1 - h_2 - \frac{2k_1}{k_1 + k_2} \cdot h_3 - h_4 = 0 \qquad (1.34)$$

Fall E

$$q_{(3-0)} = \frac{1}{2} \cdot (k_1 + k_2) \cdot (h_0 - h_3)$$

$$q_{(4-0)} = k_1 \cdot (h_0 - h_4)$$

$$q_{(0-2)} = k_2 \cdot (h_2 - h_0)$$

$$q_{(0-1)} = \frac{1}{2} \cdot (k_1 + k_2) \cdot (h_1 - h_0)$$

$$q_{(3-0)} + q_{(4-0)} - q_{(0-2)} - q_{(0-1)} = 0$$

$$\frac{k_1 + k_2}{2} \cdot (h_0 - h_3) + k_1 \cdot (h_0 - h_4) - k_2 \cdot (h_2 - h_0) - \frac{k_1 + k_2}{2} \cdot (h_1 - h_0) = 0$$

$$2h_0 - h_3 - h_1 + \frac{2k_1}{k_1 + k_2} \cdot h_0 - \frac{2k_1}{k_1 + k_2} \cdot h_4 - \frac{2k_2}{k_1 + k_2} \cdot h_2 + \frac{2k_2}{k_1 + k_2} \cdot h_0 = 0$$

Die Kontinuitätsbedingung ist also erfüllt, wenn:

$$4h_0 - h_1 - \frac{2k_2}{k_1 + k_2} \cdot h_2 - h_3 - \frac{2k_1}{k_1 + k_2} \cdot h_4 = 0 \qquad (1.35)$$

Fall F

$$q_{(3-0)} = \frac{1}{2} \cdot k_1 \cdot (h_0 - h_3)$$

$$q_{(0-2)} = \frac{1}{2} \cdot (k_1 + k_2) \cdot (h_2 - h_0)$$

$$q_{(0-1)} = \frac{1}{2} \cdot k_2 \cdot (h_1 - h_0)$$

$$q_{(3-0)} - q_{(0-2)} - q_{(0-1)} = 0$$

$$\frac{k_1}{2} \cdot (h_0 - h_3) - \frac{k_1 + k_2}{2} \cdot (h_2 - h_0) - \frac{k_2}{2} \cdot (h_1 - h_0) = 0$$

$$\frac{k_1}{k_1 + k_2} \cdot h_0 - \frac{k_1}{k_1 + k_2} \cdot h_3 - h_2 + h_0 - \frac{k_2}{k_1 + k_2} \cdot h_1 + \frac{k_2}{k_1 + k_2} \cdot h_0 = 0$$

Die Kontinuitätsbedingung ist also erfüllt, wenn:

$$2h_0 - \frac{k_2}{k_1 + k_2} \cdot h_1 - h_2 - \frac{k_1}{k_1 + k_2} \cdot h_3 = 0 \qquad (1.36)$$

Wenn eine Strömungslinie auf eine Grenze zwischen zwei Materialien mit verschiedenen Durchlässigkeiten trifft, so erfährt sie an dieser Stelle einen Knick. Während in einem homogenen isotropen Boden das Seitenverhältnis eines Einzelfeldes stets gleich 1 ist, wird es beim Übergang in einen Boden mit anderer Durchlässigkeit ebenfalls verändert.

Die Transformationsbedingungen lassen sich aus der Überlegung gewinnen, daß die zwischen zwei benachbarten Strömungslinien versickernde Wassermenge in beiden Materialien gleich groß sein muß. Es ist also gemäß Abb. 1.20a:

$$\Delta q = k_1 \cdot a \cdot \frac{\Delta h}{a} = k_2 \cdot c \cdot \frac{\Delta h}{b}$$

Daraus ergibt sich, daß im transformierten Strömungsnetz das Verhältnis der Seiten c und b von den beiden Durchlässigkeiten abhängt:

$$\frac{c}{b} = \frac{k_1}{k_2} \qquad (1.37)$$

Der Winkel, unter dem die Stromlinien die Grenze zwischen den beiden Materialien schneiden, läßt sich aus der Abb. 1.20a ebenfalls ableiten. Auf der Strecke AB muß sich aus Kontinuitätsgründen die Druckhöhe um den gleichen Betrag ändern wie auch auf der Strecke CD. Es ist somit:

$$\Delta q = k_1 \cdot \frac{\Delta h}{AB} \cdot AC = k_2 \cdot \frac{\Delta h}{CD} \cdot BD \qquad (1.38)$$

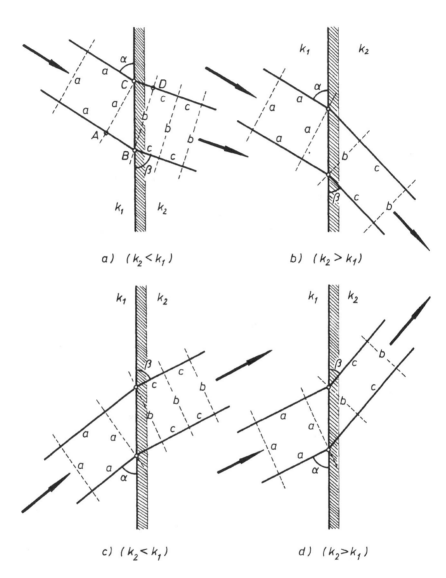

a) ($k_2 < k_1$)   b) ($k_2 > k_1$)

c) ($k_2 < k_1$)   d) ($k_2 > k_1$)

Abb. 1.20 Transformationsbedingungen in
           nichthomogenen Böden.

$$\frac{AC}{AB} = tg\,\alpha\ , \qquad \frac{BD}{CD} = tg\,\beta \qquad\qquad (1.39)$$

Die Gl. (1.37) und (1.39) in die Gl. (1.38) eingesetzt, ergibt:

$$\frac{k_1}{k_2} = \frac{tg\beta}{tg\alpha} = \frac{c}{b} \qquad\qquad (1.40)$$

Man erkennt sofort, daß der Winkel $\beta > \alpha$ sein muß, wenn $k_1 > k_2$ ist. Die Abb. 1.20a bis 1.20d zeigen die Änderungen der Winkel an den Grenzen zwischen zwei verschieden durchlässigen Materialien in vier verschiedenen Fällen.

Lösung

Wie schon in der Aufgabe 2 wurden auch hier zunächst versuchsweise Äquipotentiallinien gezeichnet (Abb. 1.21). Aus diesen Äquipotentiallinien wurden Druckhöhen in Prozent der maximalen Druckhöhe in den einzelnen Rasterpunkten ermittelt. Abb. 1.21 stellt den Raster mit den eingetragenen Werten für das halbe Strömungsnetz dar. Die Änderung der Durchlässigkeit an der Unterwasserseite des Wehres bewirkt, wie das Ergebnis später zeigt, keine merkbare Änderung des Strömungsnetzes an der Oberwasserseite, so daß das Strömungsnetz der Aufgabe 2 für diesen Teil weiterverwendet werden kann.

Abb. 1.22 zeigt die Summen der Kontinuitätsgleichungen für die in Abb. 1.21 in Klammern angegebenen Änderungen des Potentials. An einer Grenze zwischen den beiden gegebenen Bodenarten wurden jeweils die Gl. (1.31) bis (1.36) verwendet. In den übrigen Bereichen sind die Gl. (1.26) bis (1.30) gültig.

Die Anzahl der Strömungskanäle erhöht sich infolge der Einschaltung einer Schicht mit größerem Durchlässigkeitsbeiwert in der gegebenen Form nur geringfügig. Die Anzahl der Strömungskanäle wird etwas größer, weil die Abstände der Strömungslinien im unterwasserseitigen Teil des Strö-

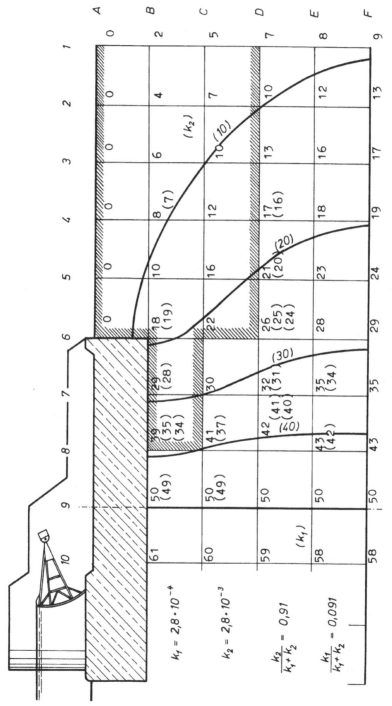

Abb. 1.21 Druckhöhen in Prozent der maximalen Druckhöhe.

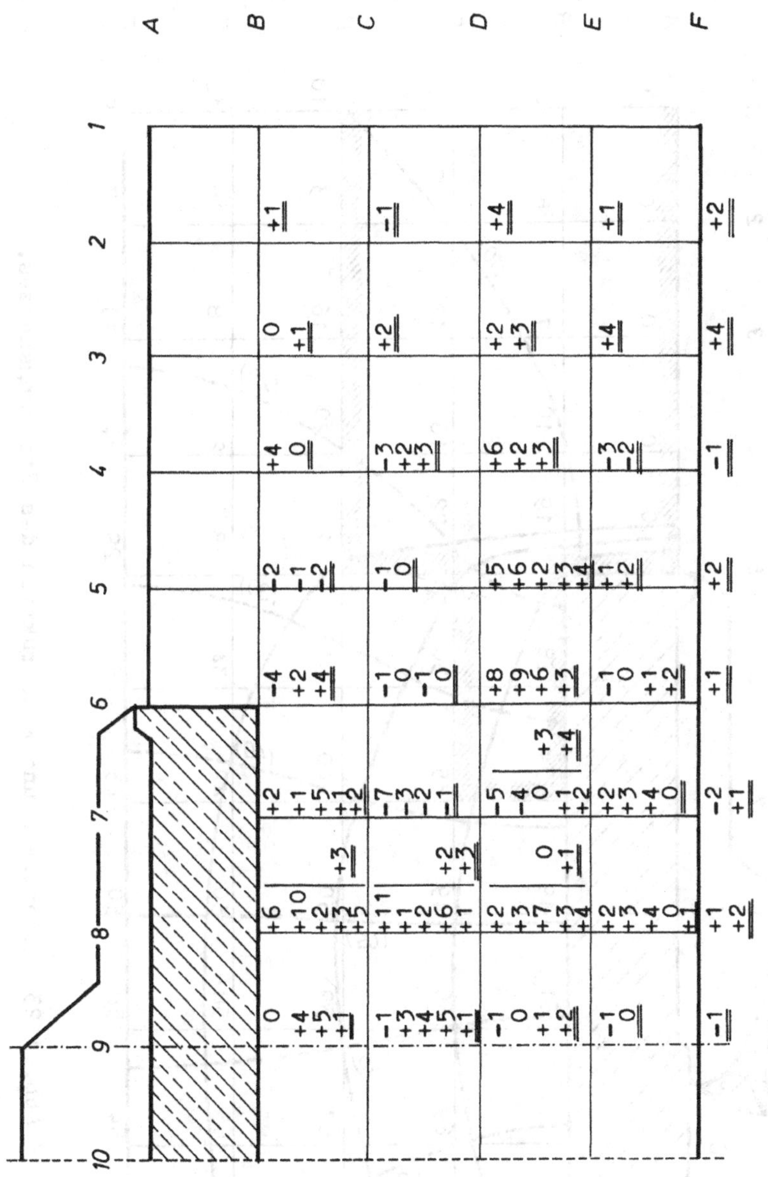

Abb. 1.22 Summen der Kontinuitätsgleichungen.

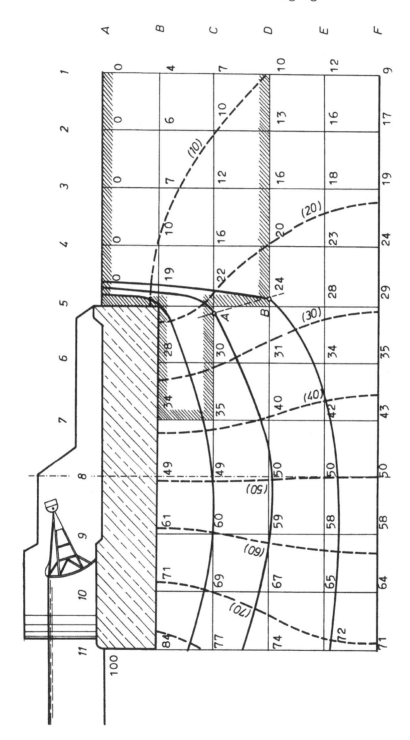

Abb. 1.23 Potentiale und Konstruktion des Strömungsnetzes.

mungsnetzes enger werden. Für die Berechnung der Sickerwassermenge wird der engste Teil des unvollständigen unteren
Strömungskanals zugrunde gelegt. Somit ist die Anzahl der
Strömungskanäle n_2 = 3,5 und die Anzahl der Potentialstufen
n_1 = 10. Die versickernde Wassermenge wird mit dem Durchlässigkeitsbeiwert berechnet, der an der engsten Stelle des
unvollständigen Strömungskanals vorhanden ist:

$$Q = \frac{3,5}{10} \cdot 2,8 \cdot 10^{-4} \cdot 4,0 = 3,9 \cdot 10^{-4} \frac{m^3}{m \cdot s} - 0,39 \frac{l}{m \cdot s}$$

Ergebnisse

Wenn, wie in dieser Aufgabe, die Schicht mit dem größeren Durchlässigkeitsbeiwert k_2 weniger als 20 % der gesamten durchströmten Schicht ist, so bleibt der Einfluß so
klein, daß er vernachlässigt werden kann.

In der Schicht mit dem größeren Durchlässigkeitsbeiwert
k_2 verlaufen die Strömungslinien nahezu vertikal, das heißt,
die Durchlässigkeit ist im Vergleich zu der Durchlässigkeit
des anderen Bodens mit k_1 bereits so groß, daß bei der gegebenen Fließgeschwindigkeit kaum noch Reibungswiderstand
entgegengesetzt wird.

CASAGRANDE (1934) weist bereits darauf hin, daß auf die
Ermittlung des Strömungsnetzes in den Zonen verzichtet
werden kann, in denen der Durchlässigkeitsbeiwert $k_2 \geqq 10 \cdot k_1$
ist.

Wie die Abb. 1.23 zeigt, ist das Seitenverhältnis in
einem Einzelfeld des transformierten Strömungsnetzes für
$k_2 = 10 \cdot k_1$ gemäß der Gl. (1.37):

$$\frac{c}{b} = \frac{k_1}{k_2} = \frac{1}{10}$$

Die Linie AB in Abb. 1.23 stellt die ideelle Schicht-
grenze dar, an der die Strömungslinien gemäß den Regeln der

Abb. 1.20d nach oben abgeknickt werden. Es besteht auch
außerdem keine andere Möglichkeit, das Seitenverhältnis
c/b = 1/10 zeichnerisch anders darzustellen.

Aufgabe 4   Ermittlung eines ebenen Strömungsnetzes
in nichthomogenem Material nach dem Differenzenverfahren und Berechnung der Versickerungsverluste
unter einem Wehr

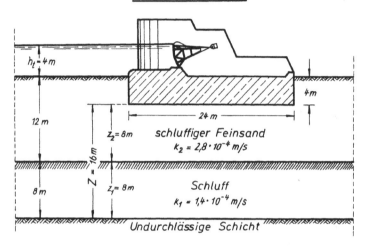

Abb. 1.24   Querschnitt durch eine Wehranlage.

Abb. 1.24 zeigt die gleiche Wehranlage, für die bereits
in der Aufgabe 2 die Versickerungsverluste in einem homogenen isotropen Boden ermittelt wurden. In dieser Aufgabe
ist der Boden jedoch nicht homogen, er besteht aus zwei
parallelen horizontalen Schichten mit verschiedenen Durchlässigkeitsbeiwerten. Die beiden Durchlässigkeitsbeiwerte
verhalten sich zueinander wie:

$$\frac{k_1}{k_2} = \frac{1}{2}$$

Zeichne das Strömungsnetz unter Verwendung des Differen-
zenverfahrens.

Wie groß sind die Versickerungsverluste unter der Wehranlage?

Grundlagen

An der Grenze zwischen den beiden Bodenschichten ändern sich die Äquipotentiallinien nur wenig, wenn der Unterschied der Durchlässigkeiten klein ist. Bei einem Verhältnis von:

$$\frac{k_1}{k_2} = \frac{1}{2}$$

ist zum Beispiel die Summe der Kontinuitätsgleichung (1.35) (Fall E) an der Grenze der beiden Schichten im Punkt D6 (Abb. 1.25):

$$4 \cdot 83 - 79 - \frac{2 \cdot 2,8}{2,8+1,4} \cdot 87 - 87 - \frac{2 \cdot 1,4}{2,8+1,4} \cdot 81 = -3$$

Wenn der Boden homogen wäre, wäre nach der Gl.(1.28) (Fall C) für den gleichen Punkt:

$$4 \cdot 83 - 79 - 87 - 87 - 81 = -2$$

Ebenso gering sind die Abweichungen in den übrigen Punkten der Linie D. Die Äquipotentiallinien müssen also nahezu in der gleichen Weise verlaufen wie im Falle eines homogenen Bodens (Abb. 1.15). Das mittlere Seitenverhältnis eines Einzelfeldes im transformierten Strömungsnetz wird aus der Gl. (1.37) bestimmt. Die Winkel, unter denen die Strömungslinien die Grenze schneiden, ergeben sich aus der Gl. (1.40) und der Abb. 1.20.

Lösung

Da die Mittelachse des Wehres für das Strömungsnetz eine Symmetrielinie darstellt, braucht nur das halbe Strömungsnetz ermittelt zu werden. Die Berechnung und Konstruktion erfolgt analog zum Arbeitsgang der Aufgaben 2 und 3.

In der unteren Schicht mit dem Durchlässigkeitsbeiwert $k_1 = 1,4 \cdot 10^{-4}$ m/s wird das Strömungsnetz gemäß der Gl.(1.37) transformiert. Das mittlere Seitenverhältnis eines Einzelfeldes ist:

$$\frac{c}{b} = \frac{k_1}{k_2} = \frac{1}{2}$$

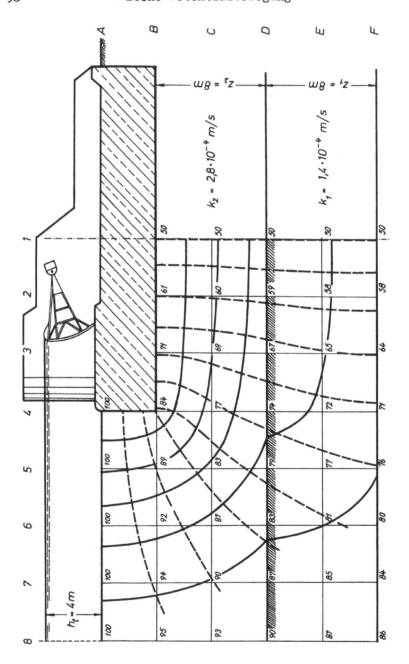

Abb. 1.25 Verlauf der Strömungslinien und
Äquipotentiallinien in nichthomogenem Boden.

c = Mittlere Seitenlänge eines Einzelfeldes parallel
      zur Strömungslinie.

b = Mittlere Seitenlänge eines Einzelfeldes parallel
      zur Äquipotentiallinie.

In Abb. 1.25 ist das halbe Strömungsnetz für den nichthomogenen Boden dargestellt. Für die Schicht mit dem Durchlässigkeitsbeiwert k_2 = 2,8·10^{-4} m/s entnimmt man der Abb.
1.25 n_2 = 3,8 Strömungskanäle. Für die Schicht mit dem
Durchlässigkeitsbeiwert k_1 = 1,4·10^{-4} m/s ergeben sich
n_2 = 1,8 Strömungskanäle. Die Anzahl der Potentialstufen
ist n_1 = 20. Die Versickerungsverluste betragen also nach
der Gl. (1.14):

$$Q = \left(\frac{3,8}{20} \cdot 2,8 \cdot 10^{-4} + \frac{1,8}{20} \cdot 1,4 \cdot 10^{-4} \right) \cdot 4,0$$

$$Q = 2,7 \cdot 10^{-4} \; \frac{m^3}{s \cdot m} = 0,27 \; \frac{l}{s \cdot m}$$

Ergebnisse

Bei den gleichen geometrischen Verhältnissen und einem
homogenen isotropen Untergrund mit einem Durchlässigkeitsbeiwert von k = 2,8·10^{-4} m/s betrugen in der Aufgabe 2 die
Versickerungsverluste:

$$Q = 0,37 \; \frac{l}{s \cdot m}$$

Die Versickerungsverluste sind in dem hier untersuchten
nichthomogenen Boden erwartungsgemäß geringer, da ein Teil
des Bodens eine geringere Durchlässigkeit besitzt.

Bei Bauwerken mit ebenen Gründungsflächen und parallel
liegenden horizontalen Bodenschichten läßt sich die Sickerwassermenge auch aus einem Strömungsnetz für homogenes
isotropes Material näherungsweise bestimmen. Es ist:

$$Q = \frac{n_2}{n_1} \left(\frac{z_1}{Z} \cdot k_1 + \frac{z_2}{Z} \cdot k_2 + \cdots\cdots \frac{z_n}{Z} \cdot k_n \right) \cdot h_t \; \left(\frac{m^3}{s \cdot m} \right) \quad (1.41)$$

n_2 = Anzahl der Strömungskanäle in einem homogenen
         isotropen Boden.

n_1 = Anzahl der Äquipotentiallinien in einem homogenen isotropen Boden.

z_1, z_2 = Schichtdicke der Böden mit den Durchlässigkeitsbeiwerten k_1 bzw. k_2, gemessen unterhalb der Stauanlage (siehe Abb. 1.25).

Z = Summe aller durchlässigen Schichten unterhalb der Stauanlage.

Für dieses Beispiel ist mit dem Verhältnis $n_2/n_1 = 0,33$:

$$Q = 0,33 \cdot \left(\frac{8}{16} \cdot 2,8 \cdot 10^{-4} + \frac{8}{16} \cdot 1,4 \cdot 10^{-4} \right) \cdot 4,0$$

$$Q = 2,8 \cdot 10^{-4} \; \frac{m^3}{s \cdot m} = 0,28 \; \frac{l}{s \cdot m}$$

Der Wert der Näherungslösung stimmt praktisch mit dem exakt ermittelten Wert überein. Wenn nur eine Bodenschicht aus isotropem Material vorhanden ist, wird die Gl. (1.41) mit der Gl. (1.14) identisch.

Die Sickerwassermenge kann auch aus dem Potentialraster unmittelbar und ohne Konstruktion des Strömungsnetzes berechnet werden. In einem Schnitt, der von der gesamten versickernden Wassermenge passiert werden muß, wie zum Beispiel die Symmetrielinie des Strömungsnetzes in Abb. 1.25, fließt das Wasser stets von einem Punkt mit höherem Potential zu einem Punkt mit niedrigerem Potential (Abb. 1.26).

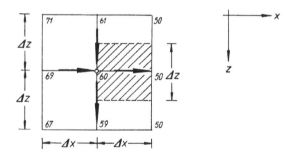

Abb. 1.26 Fluß im Potentialraster am Beispiel des Punktes C2 der Abb. 1.25.

Nur die in der x-Richtung fließenden Wassermengen können einen Beitrag zur Versickerung leisten, daher ist die

Sickerwassermenge, die durch einen Rasterpunkt hindurch-
geht, nach dem Gesetz von DARCY:

$$\Delta q = k \cdot \frac{\Delta h}{\Delta x} \cdot \Delta z \qquad\qquad (1.42)$$

oder wenn $\Delta x = \Delta z$ ist:

$$\Delta q - k \cdot \Delta h \qquad\qquad (1.43)$$

Die gesamte Sickerwassermenge ist gleich der Summe der
Wassermengen, die durch alle Rasterpunkte eines gewählten
Schnittes fließen. Da die im Raster angegebenen Potentiale
in Prozent der maximalen Druckhöhe ausgedrückt sind, erhält man den Druckhöhenunterschied Δh zwischen zwei horizontal angeordneten Rasterpunkten durch Multiplikation des angegebenen Potentialunterschiedes mit der maximalen Druckhöhe h_t und Division durch 100.

Für einen Schnitt, der mit der Achse 2 der Abb. 1.25 zusammenfällt, ist:

$$Q = \frac{1}{2} \cdot k_2 \cdot \frac{11}{100} \cdot 4{,}0 \; + \; k_2 \cdot \frac{10}{100} \cdot 4{,}0 \; + \; \frac{1}{2} \cdot (k_1 + k_2) \cdot \frac{9}{100} \cdot 4{,}0 \; +$$

$$+ \; k_1 \cdot \frac{8}{100} \cdot 4{,}0 \; + \; \frac{1}{2} \cdot k_1 \cdot \frac{8}{100} \cdot 4{,}0 \qquad \left(\frac{m^3}{s\,m} \right)$$

Mit $k_2 = 2k_1$ ist:

$$Q = (0{,}11 + 0{,}20 + 0{,}135 + 0{,}08 + 0{,}04) \cdot k_1 \cdot 4{,}0$$

$$Q = 0{,}565 \cdot 4{,}0 \cdot 1{,}4 \cdot 10^{-4} - 3{,}1 \; \frac{m^3}{s \cdot m} = 0{,}31 \; \frac{l}{s \cdot m}$$

Die Sickerwassermenge beträgt nach allen drei hier
durchgeführten Berechnungsarten $Q = 0{,}3$ l/s, bezogen auf
1 m normal zur Querschnittsebene.

Ihre besondere Bedeutung hat die Berechnung der Sickerwassermenge unmittelbar aus dem Potentialraster bei räumlichen Strömungsvorgängen, da man die Anzahl der Strömungskanäle und Potentialstufen bei räumlichen Strömungen in
komplizierten Fällen nicht erfassen kann, der Potentialraster aber nach dem Differenzenverfahren oder durch elektri-

sche Analogie relativ schnell bestimmt werden kann.

<u>Aufgabe 5 Graphische Ermittlung eines ebenen
Strömungsnetzes in anisotroper Gründungsschicht
und Berechnung der Versickerungsverluste unter
einem Erdstaudamm ($k_x > k_z$)</u>

Abb. 1.27 zeigt den Querschnitt durch einen Erdstaudamm,
der auf einer anisotropen Bodenschicht aus Sand und Lehm
gegründet ist. In horizontaler Richtung ist der Durchlässigkeitsbeiwert $k_x = 6,0 \cdot 10^{-3}$ m/s und in vertikaler Richtung $k_z = 1,5 \cdot 10^{-3}$ m/s.

Unter dem Sand und Lehm steht eine undurchlässige Tonschicht an, deren Oberfläche an der Oberwasserseite horizontal verläuft, zur Unterwasserseite hin jedoch abwärts
geneigt ist. Die Neigung ist aus Abb. 1.27 ersichtlich.

Zeichne das Strömungsnetz unterhalb des Dammes und be-
stimme die Versickerungsverluste je 1 lfd. m Staudammlänge.

<u>Grundlagen</u>

In der Aufgabe 1 wurde die Strömungsgleichung für anisotropes Material abgeleitet [Gl. (1.6)]:

$$k_x \cdot \frac{\partial^2 h}{\partial x^2} + k_z \cdot \frac{\partial^2 h}{\partial z^2} = 0$$

Wenn die Konstruktionsregeln für Strömungsnetze auch für
anisotropes Material angewendet werden sollen, so muß die
Gl. (1.6) modifiziert werden, damit sie zu einer Laplace-
schen Strömungsgleichung wird [Gl.(1.7)]:

$$\frac{\partial^2 h}{\partial x^2} + \frac{\partial^2 h}{\partial z^2} = 0$$

Zu diesem Zweck schreibt man die Gl. (1.6) in der Form:

$$\frac{\partial^2 h}{(k_z/k_x) \cdot \partial x^2} + \frac{\partial^2 h}{\partial z^2} = 0$$

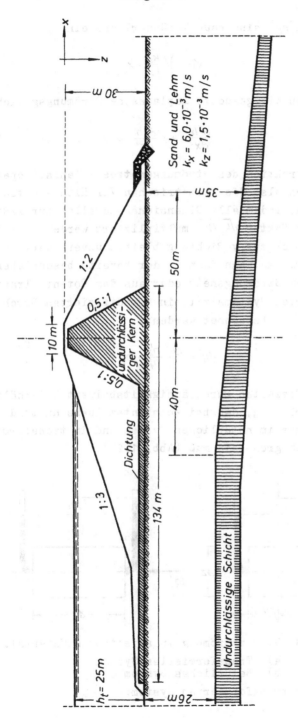

Abb. 1.27 Querschnitt durch einen Erdstaudamm auf einer anisotropen Gründungsschicht.

Führt man nun eine neue Veränderliche ein:

$$x' = \sqrt{\frac{k_z}{k_x}} \cdot x \qquad (1.44)$$

so erhält man die gesuchte Laplacesche Strömungsgleichung:

$$\frac{\partial^2 h}{\partial x'^2} + \frac{\partial^2 h}{\partial z^2} = 0 \qquad (1.45)$$

Zur Konstruktion des Strömungsnetzes in anisotropem Material müssen also die geometrischen Verhältnisse transformiert werden, indem alle Dimensionen parallel zur x-Richtung mit dem Faktor $\sqrt{k_z/k_x}$ multipliziert werden. Die Dimensionen parallel zur y-Richtung bleiben unverändert. Die Sickerwassermenge kann dann in der bereits beschriebenen Weise aus dem Strömungsnetz oder aus dem Potentialraster des transformierten Systems mit einem modifizierten Durchlässigkeitsbeiwert k' berechnet werden:

$$\Delta q' = k' \cdot \frac{n_2'}{n_1'} \cdot h_t \qquad (1.46)$$

Den modifizierten Durchlässigkeitsbeiwert k' erhält man aus der Überlegung, daß bei konstantem Querschnitt die Durchflußmenge im natürlichen System und im transformierten System gleich groß sein muß (Abb. 1.28).

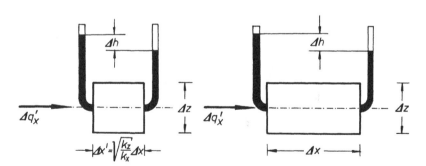

Abb. 1.28 Sickerströmung in anisotropem Material.
　　　　　　a) Transformiertes System
　　　　　　b) Natürliches System

Es ist im transformierten System:

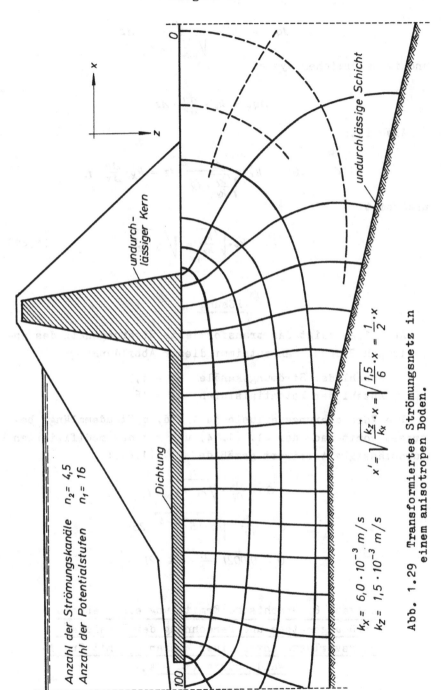

$k_x = 6,0 \cdot 10^{-3} \, m/s$

$k_z = 1,5 \cdot 10^{-3} \, m/s$

$x' = \sqrt{\dfrac{k_z}{k_x}} \cdot x = \sqrt{\dfrac{1,5}{6}} \cdot x = \dfrac{1}{2} \cdot x$

Abb. 1.29 Transformiertes Strömungsnetz in
einem anisotropen Boden.

Anzahl der Strömungskanäle $n_2 = 4,5$

Anzahl der Potentialstufen $n_1 = 16$

x

z

undurchlässige Schicht

undurch-
lässiger Kern

Dichtung

0

100

$$\Delta q_x' = k' \cdot \frac{\Delta h}{\sqrt{\frac{k_z}{k_x}} \cdot \Delta x} \cdot \Delta z$$

und im natürlichen System:

$$\Delta q_x = k_x \cdot \frac{\Delta h}{\Delta x} \cdot \Delta z$$

Also ist:

$$\Delta q_x' = \Delta q_x = k_x' \cdot \frac{\Delta h}{\sqrt{\frac{k_z}{k_x}} \cdot \Delta x} \cdot \Delta z = k_x \cdot \frac{\Delta h}{\Delta x} \cdot \Delta z$$

und somit:

$$k' = k_x \cdot \sqrt{\frac{k_z}{k_x}} = \sqrt{k_x \cdot k_z} \qquad (1.47)$$

Lösung

Abb. 1.29 zeigt das transformierte Strömungsnetz des anisotropen Bodens. Man entnimmt dieser Abbildung:

$$\text{Anzahl der Strömungskanäle} \quad n_2 = 4,5$$
$$\text{Anzahl der Potentialstufen} \quad n_1 = 16$$

Die Versickerungsverluste je 1 lfd. m Staudammlänge betragen somit nach der Gl. (1.14) und mit dem modifizierten Durchlässigkeitsbeiwert gemäß der Gl. (1.47):

$$Q = \frac{n_2'}{n_1'} \cdot \sqrt{k_x \cdot k_z} \cdot h_t$$

$$Q = \frac{4,5}{16} \cdot \sqrt{6 \cdot 1,5 \cdot 10^{-6}} \cdot 25$$

$$Q = 0,0021 \; \frac{m^3}{s} = 21 \; \frac{l}{s}$$

Aufgabe 6   Graphische Ermittlung eines ebenen Strömungsnetzes und Berechnung der Versickerungsverluste unter einer Wehranlage mit Spundwandschürze ($k_x = k_z$)

Abb. 1.30 zeigt die gleiche Wehranlage, für die bereits

in der Aufgabe 2 die Versickerungsverluste in einem homogenen isotropen Boden ermittelt wurden. In dieser Aufgabe
wird die Sickerwassermenge jedoch durch den zusätzlichen
Einbau einer Spundwand reduziert.

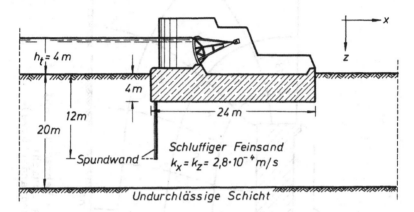

Abb. 1.30 Schnitt durch eine Wehranlage mit zusätz-
           licher Spundwandschürze.

Um wieviel Prozent verringert sich die Sickerwassermenge
je 1 lfd. m Wehranlage gegenüber dem in der Aufgabe 2 ermittelten Wert, wenn die Spundwand 12,0 m tief unter die
Flußsohle gerammt wird?

Lösung

Abb. 1.31 zeigt das fertige Strömungsnetz. Der Abb. 1.31
entnimmt man:

$$\text{Anzahl der Strömungskanäle} \quad n_2 = 3$$
$$\text{Anzahl der Potentialstufen} \quad n_1 = 13$$

Die Sickerwassermenge beträgt also nach der Gl. (1.14):

$$Q = \frac{3}{13} \cdot 2,8 \cdot 10^{-4} \cdot 4,0 = 2,6 \cdot 10^{-4} \frac{m^3}{s \cdot m} = 0,26 \frac{l}{s \cdot m}$$

Ohne Anordnung der Spundwand beträgt die Sickerwassermenge nach der Aufgabe 2:

$$Q = 0,37 \frac{l}{s \cdot m}$$

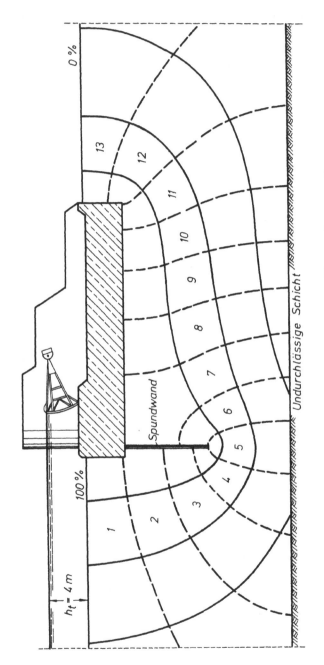

Abb. 1.31 Strömungsnetz für eine Wehranlage auf
isotroper homogener Schicht
(Berücksichtigung einer Spundwandschürze).

Die Sickerwassermenge wird also um:

$$\frac{0{,}37 - 0{,}26}{0{,}37} \cdot 100 \approx 30\,\%$$

vermindert.

Ergebnisse

Abb. 1.32 zeigt ein Diagramm, in dem das Ergebnis einer Studie über den Einfluß der Rammtiefe auf die Abnahme der Sickerwassermenge dargestellt ist.

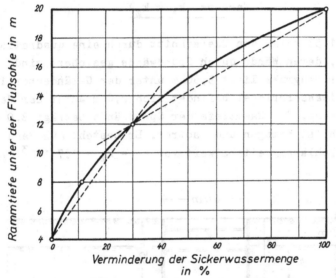

Abb. 1.32 Abhängigkeit der Sickerwassermenge von der Rammtiefe der Spundwand.

Man erkennt, daß bis zu einer Rammtiefe von etwa 12,0 m die Sickerwassermenge je 1 lfd. m Zunahme der Rammtiefe um 3,8 % abnimmt. Für Rammtiefen von 12,0 m bis 20,0 m ist die Abnahme größer, sie beträgt je 1 lfd. m Zunahme der Rammtiefe 8,7 %.

Die Versickerungsverluste sind bei dem gegebenen niedrigen Durchlässigkeitsbeiwert so gering, daß weder eine wesentliche Wassermenge zur eventuellen Gewinnung elektrischer Energie verlorengeht, noch die Gefahr der Unterspülung und

Beschädigung des Bauwerkes besteht.

So würde zum Beispiel der Gewinn an elektrischem Jahres-
arbeitsvermögen nur etwa 700 kWh betragen. Dieser Wert ist
zu klein, um überhaupt in Erwägung gezogen zu werden. Die
Spundwand kann sehr klein gehalten werden oder ganz entfal-
len.

Aufgabe 7 Graphische Ermittlung eines ebenen Strömungs-
netzes und Berechnung des in die Baugrube eindringenden
Wassers ($k_x = k_z$)

Abb. 1.33 zeigt den Querschnitt durch eine quadratische
Baugrube, deren Wände durch Spundwände gesichert sind. Die
Sohle der Baugrube liegt 5,50 m unter der Geländeoberfläche.
Der Grundwasserspiegel befindet sich 2,0 m unter der Gelän-
deoberfläche. Die Rammtiefe der Spundwände beträgt 8,0 m.
Der Boden ist homogen und isotrop. Er besteht aus Sand mit
einem Durchlässigkeitsbeiwert von $k_x = k_z = 1,7 \cdot 10^{-3}$ m/s.

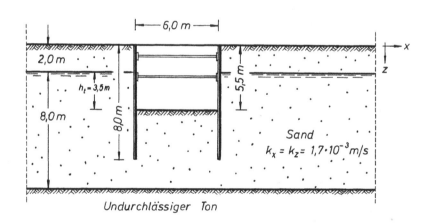

Abb. 1.33 Schnitt durch eine Baugrube mit Spundwand-
           sicherung.

Die maximale Druckhöhe beträgt $h_t = 3,50$ m. In einer Tiefe
von 10,0 m unter der Geländeoberfläche befindet sich eine
undurchlässige Tonschicht.

Das eindringende Grundwasser soll durch eine Pumpe abgeführt werden. Welche Leistung muß die Pumpe haben, damit die Baugrube trockengehalten wird?

Lösung

Abb. 1.34 zeigt das fertige Strömungsnetz. Der Abb. 1.34 entnimmt man:

Anzahl der Strömungskanäle $n_2 = 3$,

Anzahl der Potentialstufen $n_1 = 11$.

Für einen lfd. m Spundwand beträgt die Sickerwassermenge nach Gl. (1.14):

$$Q = \frac{3}{11} \cdot 1,7 \cdot 10^{-3} \cdot 3,5 = 1,6 \cdot 10^{-3} \; \frac{m^3}{s \cdot m} = 1,6 \; \frac{l}{s \cdot m}$$

Mit einer gesamten Seitenlänge der Baugrube von $4 \cdot 6,0 = 24,0$ m beträgt die Menge des eindringenden Grundwassers angenähert:

$$Q = 1,6 \cdot 24,0 = 40 \; l/s.$$

Die Pumpe ist einschließlich einer Leistungsreserve von mindestens 50 % auf eine Leistung von 60 l/s auszulegen.

Ergebnisse

Auch für Baugruben, deren Seitenwände durch Spundwände oder andere Baumaßnahmen geschützt werden, läßt sich analog zu der Aufgabe 1 (siehe Abb. 1.8) die wirtschaftlichste Rammtiefe ermitteln.

Bei kleinen Baugruben, ähnlich der dieses Beispiels, in denen die Bauarbeiten schnell abgeschlossen werden, wird die Spundwandrammung in den meisten Fällen wesentlich teurer sein als die Wasserhaltung, daher genügt es, die Spundwände auf die für die Standsicherheit erforderliche Tiefe zu rammen.

Bei großen Baugruben, in denen sich die Bauarbeiten über einen längeren Zeitraum erstrecken, ist jedoch die Wirtschaftlichkeit sehr von der Rammtiefe abhängig und sollte in jedem Falle nachgeprüft werden.

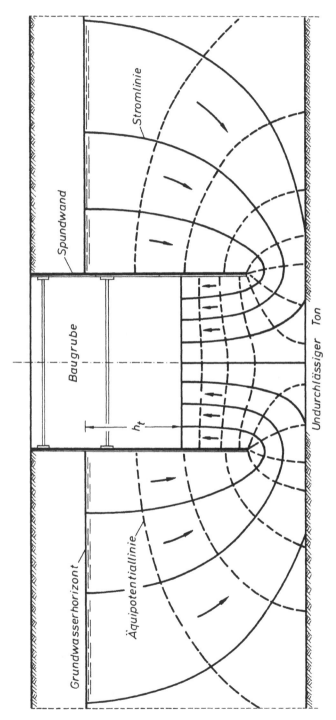

Abb. 1.34 Strömungsnetz für eine Baugrube in einer homogenen
Bodenschicht.

Aufgabe 8 Berechnung der Sickerwassermenge unter
Stauanlagen nach dem Verfahren von BÖLLING (1969)

Wie groß ist die Sickerwassermenge unter den Stauanlagen
der Aufgaben 1, 2 und 4 nach dem Verfahren von BÖLLING
(1969)?

Vergleiche die Ergebnisse mit den vorher ermittelten
Werten.

Grundlagen

Bei einer kontinuierlichen Änderung der Abmessungen n,
b und t (Abb. 1.35) wird sich auch der Faktor n_2/n_1, der
im weiteren Verlauf als Strömungsfaktor φ bezeichnet wird,
kontinuierlich ändern. Wenn es daher gelingt, die Funktion
zu finden, nach der sich φ ändert, wenn sich die geometrischen Verhältnisse t/b und n/b ändern, so läßt sich der
Arbeitsaufwand für die Berechnung von Sickerwassermengen
beträchtlich verringern und die Genauigkeit der Ergebnisse
wesentlich erhöhen.

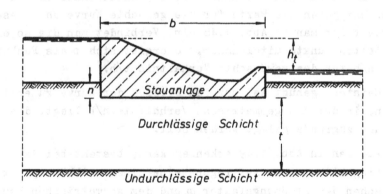

Abb. 1.35 Bezeichnungen.

Die Ergebnisse lassen sich sowohl anwenden auf massige,
breite Stauanlagen mit Verhältnissen:

$$0 \lessgtr n/b \lessgtr 10,$$

als auch auf schlanke Bauteile, wie Spundwände und Beton-
schürzen mit: $10 \lessgtr n/b \lessgtr 200.$

Um die Funktion kennenzulernen, nach der sich der Strömungsfaktor φ ändert, wenn sich t/b und n/b ändern, wurden
Strömungsnetze für verschiedene Werte von t/b und n/b in
den Bereichen 0,1 $\leqq$ t/b $\leqq$ 1000 und 0 $\leqq$ n/b $\leqq$ 200 aufgezeich-
net. In Abb. 1.48 wurden die Ergebnisse dieser Untersuchung
graphisch ausgewertet. Abb. 1.48 zeigt die harmonische Änderung des Strömungsfaktors φ bei einer harmonischen Änderung der geometrischen Verhältnisse t/b und n/b.

In Abb. 1.49 wurden die Strömungsfaktoren φ in Abhängigkeit von t/b halblogarithmisch aufgetragen. Für 0 $\leqq$ n/b $\leqq$ 1
und t/b = 1 ergibt sich im halblogarithmischen Maßstab ein
geradliniger Verlauf der Funktion. Für Werte n/b > 1 ist
der Verlauf hingegen nicht mehr geradlinig.

Wenn in Abb. 1.48 ein bestimmtes geometrisches Verhältnis nicht angegeben ist, so läßt sich der Verlauf von φ für
dieses Verhältnis auf folgende Weise ermitteln:
In Abb. 1.49 zeichnet man durch den gewünschten Wert t/b
eine Parallele zur φ-Achse. Diese Parallele schneidet die
vorhandenen Kurven für die geometrischen Verhältnisse n/b,
und die jeweiligen Abstände dieser Schnittpunkte von der
Abszisse geben die Werte für die gesuchte Kurve an. Diese
Werte trägt man in Abb. 1.48 ein. Verbindet man die so ermittelten Punkte miteinander, so ergibt sich φ als Funktion
von n/b für das gewünschte Verhältnis t/b.

Meistens genügt es, nur den Bereich der Kurve zu ermitteln, in dem das geometrische Verhältnis n/b liegt, das der
Lösung zugrunde gelegt werden soll.

Wie man in Abb. 1.49 erkennen kann, besteht bei der
halblogarithmischen Auftragung eine lineare Abhängigkeit
zwischen dem Strömungsfaktor φ und dem geometrischen Verhältnis t/b, solange t/b $\geqq$ 1 und n/b $\leqq$ 1 sind.

Für diesen Bereich läßt sich somit ein geschlossener
Ausdruck für φ angeben. Diese Formel hat einen beträchtli-
chen Wert, denn sie gestattet auf einfache Weise die Berechnung der Sickerwassermenge für nahezu alle Wehrformen
und Staudammgründungen.

Im Originalmaßstab der Abb. 1.49 ist:

$$x = 5 \cdot \log t/b \qquad \text{(cm)} \qquad (1.48)$$

und: $\qquad\qquad y = 10 \cdot \Phi \qquad\qquad \text{(cm)} \qquad (1.49)$

Der Tangens des Neigungswinkels ist gleich 1.

Die Abstände der in der Abb. 1.49 eingetragenen Punkte sind im Originalmaßstab:

$$P_0\,P_1 = c_1 = 5,0 \text{ cm} \qquad (n/b = 0\ )$$
$$P_0\,P_2 = c_2 = 4,0 \text{ cm} \qquad (n/b = 0,5)$$
$$P_0\,P_3 = c_3 = 3,6 \text{ cm} \qquad (n/b = 1\ )$$

Die Gleichung der Geraden für n/b = 0 lautet:

$$10 \cdot \Phi = 5 \cdot \log t/b + 5 \qquad (1.50)$$
$$\Phi = 1/2 \cdot \log t/b + 0,5 \qquad (1.51)$$

Entsprechend ergibt sich für n/b = 0,5:

$$\Phi = 1/2 \cdot \log t/b + 0,4 \qquad (1.52)$$

und für n/b = 1:

$$\Phi = 1/2 \cdot \log t/b + 0,36. \qquad (1.53)$$

Allgemein kann man schreiben:

$$\Phi = 1/2 \cdot \log t/b + c, \qquad (1.54)$$

wobei c eine Funktion von n/b ist und der Abb. 1.51 entnommen werden kann.

Gl. (1.54) in die Gl. (1.14) eingesetzt, ergibt die Gleichung für die Bestimmung der Sickerwassermenge bei ebener Potentialströmung je 1 lfd. m Achslänge:

$$Q = k \cdot h_t \cdot (1/2 \cdot \log t/b + c) \ \left(\frac{m^3}{s \cdot m}\right) \qquad (1.55)$$

$$Q = 1/2 \cdot k \cdot h_t \cdot \log t/b + k \cdot h_t \cdot c \ \left(\frac{m^3}{s \cdot m}\right) \qquad (1.56)$$

Die Gl. (1.56) ist gültig für alle Fälle, in denen t/b ≧ 1 und n/b ≦ 1 ist. Für den Sonderfall n/b = 0 und t/b ≧ 1 ist:

$$Q = 1/2 \cdot k \cdot h_t \cdot (\log t/b + 1) \qquad (1.57)$$

Trägt man die einzelnen Werte der Strömungsfaktoren Φ in

ein rechtwinkliges Koordinatensystem ein, dessen Abszisse
einen logarithmischen und dessen Ordinate einen Quadrat-
wurzelmaßstab hat, so ergibt sich ebenfalls eine lineare
Abhängigkeit des Strömungsfaktors ϕ vom geometrischen Verhältnis t/b, solange t/b $\geqq$ 1 und n/b $\geqq$ 10 ist.

Dieser Zusammenhang erlaubt es ebenfalls, einen ge-
schlossenen Ausdruck für die Bestimmung des Strömungsfaktors ϕ in diesem Bereich anzugeben.

In Abb. 1.50 sind die Funktionen für die Werte n/b = 10,
50, 100 und 200 aufgetragen. Lediglich die Kurve für n/b =
10 zeigt eine kleine Abweichung von der Geraden bei Werten
t/b > 100. Die Abweichungen sind gering und werden daher
vernachlässigt.

Im Originalmaßstab der Abb. 1.50 liest man ab:

$$y = 10 \cdot \sqrt{\phi} \qquad \text{(cm)} \qquad (1.58)$$

$$x = 5 \cdot \log t/b \qquad \text{(cm)} \qquad (1.59)$$

Der Tangens des Neigungswinkels der einzelnen Geraden
ist:

$$
\begin{array}{llll}
\text{tg } \alpha_1 & = & 0,58 & (\ n/b = 10\ ) \\
\text{tg } \alpha_2 & = & 0,46 & (\ n/b = 50\ ) \\
\text{tg } \alpha_3 & = & 0,40 & (\ n/b = 100\ ) \\
\text{tg } \alpha_4 & = & 0,36 & (\ n/b = 200\ )
\end{array}
$$

Die Abstände der in der Abb. 1.50 eingetragenen Punkte
sind im Originalmaßstab:

$$
\begin{array}{llll}
P_0 \ P_4 & = d_1 = & 0,41 & (4,1 \text{ cm}) \\
P_0 \ P_3 & = d_2 = & 0,34 & (3,4 \text{ cm}) \\
P_0 \ P_2 & = d_3 = & 0,30 & (3,0 \text{ cm}) \\
P_0 \ P_1 & = d_4 = & 0,26 & (2,6 \text{ cm})
\end{array}
$$

Die Gleichung der Geraden für n/b = 10 lautet:

$$10 \cdot \sqrt{\phi} = 0,58 \cdot 5 \cdot \log t/b + 4,1 \qquad (1.60)$$

$$\phi = (\ 0,29 \cdot \log t/b + 0,41\ )^2 \qquad (1.61)$$

In gleicher Weise findet man für n/b = 50:

$$\phi = (\ 0,23 \cdot \log t/b + 0,34\ )^2 \qquad (1.62).$$

Für n/b = 100 ist:

$$\Phi = (\ 0,20 \cdot \log \ t/b + 0,30 \ )^2 \qquad (1.63)$$

Für n/b = 200 ist:

$$\Phi = (\ 0,18 \cdot \log \ t/b + 0,26 \ )^2 \qquad (1.64)$$

Allgemein kann man schreiben:

$$\Phi = (\ a \cdot \log \ t/b + d \ )^2 \qquad (1.65)$$

Die Faktoren a und d sind Funktionen von n/b und können der Abb. 1.52 entnommen werden.

Gl. (1.65) in die Gl. (1.14) eingesetzt, ergibt:

$$Q = k \cdot h_t \cdot (\ a \cdot \log \ t/b + d \ )^2 \ \left(\frac{m^3}{s \cdot m} \right) \qquad (1.66)$$

Die Gl. (1.66) kann als Bestimmungsgleichung für die Sickerwassermenge unter Stauanlagen herangezogen werden, wenn t/b $\cong$ 1 und n/b $\cong$ 10 ist.

Wenn eine Aufgabe gestellt ist, bei der die geometrischen Verhältnisse t/b und n/b nicht in die Bereiche fallen, für die die Gl. (1.56) und (1.66) Gültigkeit haben, wenn also 1 $\cong$ n/b $\cong$ 10 und t/b $\cong$ 1 ist, so sind die Strömungsfaktoren mit Hilfe der Abb. 1.48 und 1.49 zu bestimmen.

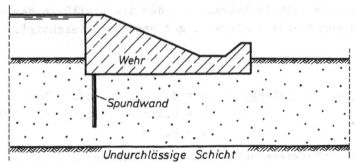

Abb. 1.36 Wehranlage mit Spundwand.

Die Gl. (1.56) und (1.66) sowie die Abb. 1.48 und 1.49 lassen sich auch anwenden, wenn sich Stauanlagen aus mehreren Grundformen zusammensetzen, wenn sie also eine Form haben, die z.B. der der Abb. 1.36 entspricht.

Es kann auch mehr als eine Zusatzkonstruktion vorhan-

den sein. Bei den Zusatzkonstruktionen kann es sich um
Spundwände, Schürzen oder größere Sporne handeln. Der Einfluß kleinerer Sporne kann vernachlässigt werden.

Angenommen, die Zusatzkonstruktion sei eine Spundwand
wie in Abb. 1.36, so ermittelt man zunächst Φ_1 für den Wehr-
körper, dann Φ_2 für die Spundwand unter der Annahme, daß nur
sie allein vorhanden sei und bis zur Unterkante des Wehr-
körpers reiche. Schließlich ermittelt man Φ_3 für die Spundwand unter der Annahme, daß nur sie vorhanden sei und bis
in die tatsächliche Rammtiefe reiche. Der endgültige Strömungsfaktor ist dann:

$$\Phi = \Phi_1 \cdot \frac{\Phi_3}{\Phi_2} \qquad\qquad (1.67)$$

Φ_1 = Strömungsfaktor ohne Spundwand

Φ_2 = Strömungsfaktor, wenn die Spundwand bis zur
Gründungssohle des Wehres angenommen wird,
ohne Wehr

Φ_3 = Strömungsfaktor für die tatsächliche Länge
der Spundwand, ohne Wehr

An zahlreichen Beispielen wurde nachgewiesen, daß sich
der gleiche Strömungsfaktor ergibt, ob man nun die Stauanlage als Gesamtheit betrachtet oder die Einflüsse der einzelnen Konstruktionselemente getrennt berücksichtigt.

Lösung

Lösung zur Aufgabe 1: n = 3,5 m   n/b = 35 > 1

t = 6,3 m   t/b = 63 > 10

b = 0,1 m

Die Sickerwassermenge läßt sich nach der Gl. (1.66) berechnen. Der Abb. 1.52 entnimmt man für n/b = 35:

a = 0,25 und d = 0,37.

$$Q = 40 \cdot 8{,}5 \cdot 10^{-4} \cdot 3{,}5 \cdot (0{,}25 \cdot \log 63 + 0{,}37)^2$$

$$Q = 40 \cdot 25{,}5 \cdot 10^{-4} \cdot (0{,}41 + 0{,}37)^2$$

$$Q = 40 \cdot 25{,}5 \cdot 10^{-4} \cdot 0{,}61 = 620 \cdot 10^{-4} \frac{m^3}{s} = 62 \frac{l}{s}$$

In der Aufgabe 1 betrug die errechnete Sickerwassermenge:

$$Q = 61 \text{ l/s.}$$

<u>Lösung zur Aufgabe 2:</u> $n = 4,0$ m $n/b = 0,167 < 1$

$t = 16,0$ m $t/b = 0,666 < 1$

$b = 24,0$ m

Die Sickerwassermenge läßt sich nicht aus den gegebenen Gleichungen ermitteln. Der Strömungsfaktor wird der Abb. 1.48 entnommen:

$$\Phi = 0,36$$

$$Q = 0,36 \cdot 2,8 \cdot 10^{-4} \cdot 4,0 = 4,0 \cdot 10^{-4} \; \frac{m^3}{s \cdot m} = 0,4 \; \frac{l}{s \cdot m}$$

In der Aufgabe 2 betrug die errechnete Sickerwassermenge:

$$Q = 0,37 \cong 0,4 \; \frac{l}{s \cdot m}$$

<u>Lösung zur Aufgabe 4:</u> $n = 4,0$ m $n/b = 0,167 < 1$

$t = 16,0$ m $t/b = 0,666 < 1$

$b = 24,0$ m

Der Strömungsfaktor wird der Abb. 1.48 entnommen:

$$\Phi = 0,36$$

Nach Gl. (1.41) ist die Sickerwassermenge:

$$Q = 0,36 \cdot \left(\frac{8}{16} \cdot 2,8 \cdot 10^{-4} + \frac{8}{16} \cdot 1,4 \cdot 10^{-4} \right) \cdot 4,0$$

$$Q = 3,0 \cdot 10^{-4} \; \frac{m^3}{s \cdot m} = 0,3 \; \frac{l}{s \cdot m}$$

In der Aufgabe 4 betrug die errechnete Sickerwassermenge:

$$Q = 0,28 = 0,3 \; \frac{l}{s \cdot m}$$

<u>Lösung zur Aufgabe 6:</u>   Für den Wehrkörper:

$n = 4,0$ m $n/b = 4/24 = 0,167 < 1$

$b = 24,0$ m $t/b = 16/24 = 0,666 < 1$

$t = 16,0$ m

Nach Abb. 1.48 ist: $\Phi_1 = 0,38$

Für die Spundwand (4,0 m tief):

b = 0,10 m	n/b = 4/0,10 = 40
n = 4,0 m	t/b = 16/0,10 = 160
t = 16,0 m	

Nach Abb. 1.48 ist: $\Phi_2 = 0,74$

Für die Spundwand (12,0 m tief):

n = 12,0 m	n/b = 12/0,10 = 120
t = 8,0 m	t/b = 8/0,10 = 80
b = 0,10 m	

Nach Abb. 1.48 ist: $\Phi_3 = 0,45$

Nach Gl. (1.67) ist:

$$\Phi = \Phi_1 \cdot \frac{\Phi_3}{\Phi_2} = 0,38 \cdot \frac{0,45}{0,74} = 0,23$$

Die Sickerwassermenge je 1 lfd. m Wehrlänge ist somit nach Gl. (1.14):

$$Q = 0,23 \cdot 1,7 \cdot 10^{-3} \cdot 3,5 = 1,6 \cdot 10^{-3} \frac{m^3}{s \cdot m} = 1,6 \frac{l}{s \cdot m}$$

In der Aufgabe 7 betrug die errechnete Sickerwassermenge ebenfalls: $\quad Q = 1,6 \frac{l}{s \cdot m}$.

Ergebnisse

Das Verfahren von BÖLLING baut auf der Theorie der ebenen Potentialströmung auf, und da die Strömungsfaktoren nichts anderes darstellen als das Verhältnis der Anzahl der Strömungskanäle zur Anzahl der Potentialstufen, müssen sich die Sickerwassermengen, seien sie nun unmittelbar aus dem Strömungsnetz oder aus den Gleichungen und Diagrammen von BÖLLING errechnet, decken. Kleine Abweichungen, die durch zeichnerische Ungenauigkeiten entstehen, sind möglich. Sie sind jedoch so gering, wie auch die hier ausgewählten Beispiele zeigen, daß sie vernachlässigt werden können.

Das Verfahren eignet sich auch zur schnellen näherungs-
weisen Ermittlung von Sickerwassermengen in nichthomogenen
Böden. In nichthomogenen Böden ist dann der Durchlässigkeitsbeiwert entsprechend den Anteilen der verschiedenen
Bodenarten zu modifizieren.

Wenn der Faktor n = 0 wird, wie z.B. in der Aufgabe 5,
so können die Strömungsfaktoren, ohne einen spürbaren
Fehler zu machen, für das geometrische Verhältnis n/b = 0,01
gewählt werden.

Wenn die undurchlässige Schicht, wie in der Aufgabe 5,
nicht horizontal verläuft, so kann die Sickerwassermenge
näherungsweise auch mit einer mittleren Tiefe t_m berechnet
werden. Man bestimmt das Mittel aus der kleinsten und
größten Tiefe unterhalb des undurchlässigen Staukörpers:

$$t_{min} = 26,0 \text{ m}, \quad t_{max} = 32,0 \text{ m}, \quad t_m = 29,0 \text{ m}$$

$$n/b = 0,01, \quad t/b = 29/67 = 0,43$$

Mit dem transformierten b = 134/2 = 67,0 m.

Nach Abb. 1.48 ist: $\Phi = 0,29$.
In der Aufgabe 5 war: $\Phi = 0,28$.

Die errechnete Sickerwassermenge ist also in beiden
Fällen gleich groß.

Aufgabe 9 Bestimmung der Sickerwassermenge in einem
homogenen Erdstaudamm mit Horizontaldrainage
am unterwasserseitigen Dammfuß

Abb. 1.37 zeigt einen homogenen Erdstaudamm, der an der
Unterwasserseite eine horizontale Drainage aufweist. Die
Dammhöhe beträgt 25,0 m und die Kronenbreite 10,0 m. Die
oberwasserseitige Böschung hat eine Neigung von 1 : 3, und
die unterwasserseitige Böschung hat eine Neigung von 1 : 2.

Der Damm ist auf einem undurchlässigen Felsen gegründet.
Sein Schüttmaterial hat einen mittleren Durchlässigkeitsbeiwert von k = $9,5 \cdot 10^{-4}$ m/s. Die maximale Druckhöhe be-

trägt h_t = 22,0 m.

Wie groß ist die Sickerwassermenge je 1 lfd. m Staudammlänge?

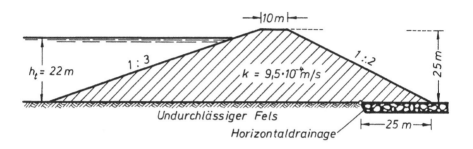

Abb. 1.37 Querschnitt durch einen Erdstaudamm
mit unterwasserseitiger Horizontaldrainage.

Grundlagen

Die Strömung des Wassers durch einen Erdstaudamm stellt
im Gegensatz zu allen bisher betrachteten Sickerströmungen
einen Fall dar, in dem nicht alle Grenzen des Strömungsnetzes unmittelbar bekannt sind.

Die freie Oberfläche der Strömung, die Stromlinie also,
in der sich die freie Atmosphäre und das Wasser berühren,
ist zunächst nicht definiert und muß aus den empirisch ge-
fundenen Gesetzmäßigkeiten näherungsweise bestimmt werden,
die sich aus zahlreichen Modellversuchen und Messungen ergeben haben.

Die oberste Strömungslinie weist eine Anzahl von charakteristischen Merkmalen auf, die bei ihrer Konstruktion beachtet werden müssen:

a) Zwischen zwei Schnittpunkten einer Äquipotentiallinie mit der obersten Strömungslinie herrscht ein konstanter
Druckhöhenunterschied Δh (Abb. 1.38). Diese Gesetzmäßig-
keit kann auch bei der Verwendung der Analogie zwischen

elektrischer Strömung und Grundwasserströmung ausgenutzt
werden, um die oberste Strömungslinie zu bestimmen.

b)   In dem Punkt, in dem die Sickerströmung beginnt,
steht die oberste Strömungslinie normal zur Dammböschung
(Abb. 1.53a).

Weitere charakteristische Merkmale und Transformationsbedingungen sind in Abb. 1.53 zusammengestellt.

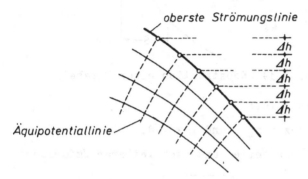

Abb. 1.38   Konstante Druckhöhenunterschiede der
            obersten Strömungslinie.

Versuche und Messungen haben gezeigt, daß die oberste
Strömungslinie in einem Erddamm nahezu den Verlauf einer
Parabel annimmt (Abb. 1.40), die nur am Anfang und am Ende
der Sickerströmung oder beim Übergang von einer Bodenart
zu einer anderen verändert wird.

A. CASAGRANDE (1937) hat als Abstand AB in Abb. 1.40 vor-
geschlagen:

$$AB = 0,3 \cdot BE \qquad (1.68)$$

Der Brennpunkt der Parabel soll am Anfang der Horizontaldrainage liegen und die Parabel durch den Punkt A hin-
durchgehen. Der von der Parabel abweichende obere Teil der
Strömungslinie wird dann nach Gefühl eingezeichnet.

Für eine Parabel gelten die geometrischen Beziehungen
(Abb. 1.39):

$$\sqrt{x^2 + z^2} = x + S \qquad (1.69)$$

$$x = \frac{z^2 + S^2}{2S} \qquad (1.70)$$

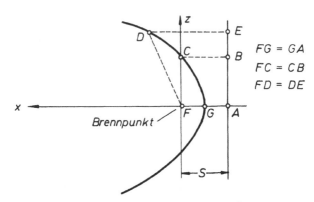

Abb. 1.39 Konstruktion einer Parabel.

Für den Punkt A ist:

$$z = h_t \quad \text{und} \quad x = d,$$

also ist mit diesen Werten und nach weiterer Umformung:

$$S = \sqrt{d^2 + h_t^2} - d \qquad (m) \qquad (1.71)$$

Aus dem Strömungsnetz HGCF (Abb. 1.40) läßt sich mit der Gl. (1.14) die Sickerwassermenge berechnen. Die Anzahl der Strömungskanäle ist $n_2 = 3$ und die Anzahl der Potential-stufen ebenfalls $n_1 = 3$.

Im Punkt G (Abb. 1.40) ist eine Druckhöhe von der Größe S vorhanden. Der Druckhöhenverlust zwischen den Äquipotenti-allinien GH und FC (Nulläquipotentiale) ist also gleich S. Somit ist mit Gl. (1.14):

$$Q = \frac{n_2}{n_1} \cdot k \cdot h_t = k \cdot S \quad \left(\frac{m^3}{s \cdot m}\right) \qquad (1.72)$$

<u>Lösung</u>

In Abb. 1.40 ist der doppelte Scheitelabstand der Para-bel bestimmt und der Verlauf der obersten Strömungslinie dargestellt worden. Die Sickerwassermenge ist nach Gl. (1.72):

$$Q = 9,5 \cdot 10^{-4} \cdot 3,7 = 3,5 \cdot 10^{-3} \frac{m^3}{s \cdot m} = 3,5 \frac{l}{s \cdot m}$$

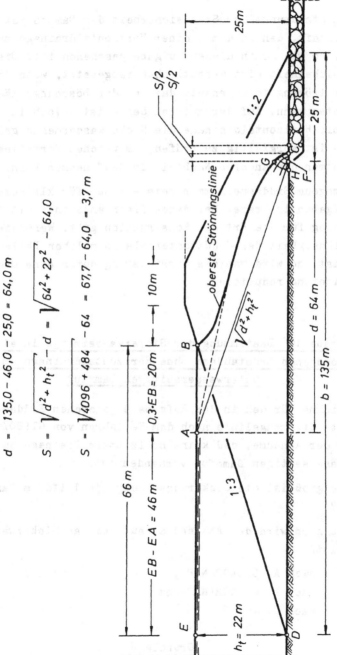

$$b = 3 \cdot 25{,}0 + 2 \cdot 25{,}0 + 10{,}0 = 135{,}0 \, m$$

$$d = 135{,}0 - 46{,}0 - 25{,}0 = 64{,}0 \, m$$

$$S = \sqrt{d^2 + h_t^2} - d = \sqrt{64^2 + 22^2} - 64{,}0$$

$$S = \sqrt{4096 + 484} - 64 = 67{,}7 - 64{,}0 = 3{,}7 \, m$$

Abb. 1.40 Bestimmung des doppelten Scheitelabstandes S und
der obersten Strömungslinie in einem homogenen Erddamm.

Ergebnisse

Vom Standpunkt der Standsicherheit des Dammes ist es
vorteilhaft, den Damm mit einer Horizontaldrainage zu ver-
sehen, so wie es in dieser Aufgabe geschehen ist. Die
Standsicherheit wird wesentlich herabgesetzt, wenn die
Sickerströmung im Gegensatz dazu an der Böschungsfläche
austreten kann. Auf der anderen Seite ist jedoch in einem
Damm mit Horizontaldrainage die Sickerwassermenge größer,
und es ist sorgfältig zu prüfen, um welchen Vorteiles
willen man den anderen Nachteil in Kauf nehmen kann.

Homogene Erddämme kommen meistens nur für kleinere
Bauaufgaben in Frage, bei denen die Standsicherheit den
Ausschlag für die Art der Konstruktion gibt. Wenn die
Durchlässigkeit des Schüttmaterials in solchen Fällen zu
hoch ist, so wird man die Versickerung durch eine Oberflä-
chendichtung reduzieren.

Aufgabe 10 Bestimmung der Sickerwassermenge in einem homogenen Erdstaudamm ohne Horizontaldrainage am unterwasserseitigen Dammfuß

Zeichne für den in der Aufgabe 9 gegebenen Erddamm die
oberste Strömungslinie nach dem Verfahren von GILBOY (1940)
unter der Annahme, daß keine horizontale Drainage am unterwasserseitigen Dammfuß vorhanden ist.

Wie groß ist die Sickerwassermenge je 1 lfd. m Dammlänge?

Wie groß wird der Abstand a, auf dem das Sickerwasser
austritt,

   a)   nach A. CASAGRANDE ,
   b)   nach L. CASAGRANDE und
   c)   nach GILBOY ?

Grundlagen

Wenn die horizontale Drainageschicht nicht vorhanden

ist, wird das Sickerwasser an der Böschungsfläche austreten
(Abb. 1.42). Die oberste Strömungslinie schneidet die Böschung in einem Abstand a vom Fußpunkt an der Unterwasserseite des Dammes. Für die Bestimmung des Abstandes a
stehen drei Verfahren zur Verfügung:

    a)   Das Verfahren von A. CASAGRANDE (1937), anwendbar
auf Böschungswinkel von $30^0 \leqq \beta \leqq 180^0$. Der in der Aufgabe
9 behandelte Fall entspricht dem Sonderfall des Verfahrens
von A. CASAGRANDE für $\beta = 180^0$.

    b)   Die Gleichung von L. CASAGRANDE (1934), anwendbar
auf Dämme mit Böschungswinkeln $\beta \leqq 30^0$.

    c)   Das Verfahren von GILBOY (1940) und TAYLOR (1948),
welches auf dem Ansatz von DUPUIT (1863) und der Arbeit von
L. CASAGRANDE (1934) aufbaut und auf Dämme mit Böschungswinkeln $0^0 \leqq \beta \leqq 90^0$ anwendbar ist.

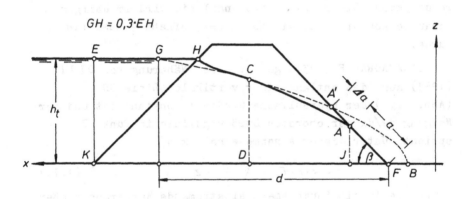

Abb. 1.41 Bezeichnungen.

    Abb. 1.54c zeigt ein von A. CASAGRANDE (1937) entwickel-
tes Diagramm, mit dessen Hilfe für Neigungswinkel
$30^0 \leqq \beta \leqq 180^0$ das Verhältnis:

$$\frac{\Delta a}{a + \Delta a}$$

bestimmt werden kann (Abb. 1.41). Die Linie AF ist im
Punkt A eine Tangente an die oberste Strömungslinie. Die
Parabel wird in der gleichen Weise ermittelt wie in der

Aufgabe 9. Da der Abstand a + Δ a vom Brennpunkt F bis
zum Schnittpunkt der Böschung mit der Näherungsparabel bekannt ist, kann der Abstand a nach diesem Diagramm bestimmt
werden.

Böschungswinkel $\beta \geqq 90^{\circ}$ können auftreten, wenn am unterwasserseitigen Dammfuß eine Drainage in der Form der
Abb. 1.53d angeordnet wird.

Die Strecke mit der Länge a stellt weder eine Strömungslinie noch eine Äquipotentiallinie dar. Sie ist eine geometrische Begrenzung, für die in jedem beliebigen Punkt die
Druckhöhe gleich Null ist.

Die Sickerwassermenge kann auch für Erddämme ohne horizontale Drainage näherungsweise nach der Gl. (1.72) berechnet werden. Die Abweichung der rechnerischen Werte von
den gemessenen Werten ist so gering, daß sie vernachlässigt
werden kann. Die oberste Strömungslinie wird im übrigen
genau so konstruiert, wie es in der Aufgabe 9 beschrieben
wurde.

L. CASAGRANDE (1934) geht von der Näherung von DUPUIT
(1863) aus, daß entlang einer vertikalen Linie CD
(Abb. 1.41) der hydraulische Gradient konstant ist und der
Neigung dz/dx der obersten Strömungslinie im Punkt C entspricht. Unter dieser Annahme erhält man:

$$q = k \cdot i \cdot F = k \cdot \frac{dz}{dx} \cdot z \qquad (1.73)$$

Da die in ein Raumelement einströmende Wassermenge ebenso groß sein muß wie die austretende Wassermenge, gilt die
Kontinuitätsbedingung:

$$\frac{dq}{dx} = 0 = k \cdot \frac{\partial^2 (z^2)}{\partial x^2} \qquad (1.74)$$

Nach zweimaliger Integration erhält man die Gleichung
der Parabel:

$$z^2 = A x + B \qquad (1.75)$$

Für den Punkt G (Abb. 1.41) gilt die Randbedingung:

$$x = d \quad \text{und} \quad z = h_t.$$

Für den Punkt A gilt die Randbedingung:

$x = a \cos\beta$, $dz/dx = tg\,\beta$, $z = a \sin\beta$

Aus den Randbedingungen und der Gl. (1.75) erhält man schließlich:

$$z^2 = 2 \cdot a \cdot \frac{sin^2\beta}{cos\beta} \cdot x + h_f^2 - 2 \cdot a \cdot \frac{sin^2\beta}{cos\beta} \cdot d \qquad (1.76)$$

Die Randbedingung für den Punkt A in die Gl. (1.76) eingesetzt, ergibt:

$$a = \frac{d}{cos\beta} - \sqrt{\frac{d^2}{cos^2\beta} - \frac{h_f^2}{sin^2\beta}} \quad (m) \qquad (1.77)$$

Mit:

$$\frac{d}{cos\beta} = \sqrt{d^2 + h_f^2} = S + d$$

kann für die Gl. (1.77) auch geschrieben werden:

$$a = S - \sqrt{(S+d)^2 - \frac{h_f^2}{sin^2\beta}} + d \qquad (m) \qquad (1.78)$$

Die Sickerwassermenge ist mit Gl. (1.73) und mit den Randbedingungen $dz/dx = tg\,\beta$ und $z = a \sin\beta$:

$$Q = k \cdot a \cdot \sin\beta \cdot tg\,\beta \qquad \left(\frac{m^3}{s \cdot m}\right) \qquad (1.79)$$

GILBOY (1940) geht ebenfalls von dem Ansatz von DUPUIT aus, gibt aber eine Lösung an, die die Berechnung des Abstandes a auch für Böschungen mit $0^o \leqq \beta \leqq 90^o$ ermöglicht. TAYLOR (1948) hat die Ergebnisse von GILBOY graphisch ausgewertet. Abb. 1.55 zeigt diese graphische Auswertung. Der Parameter m bedeutet das Verhältnis des senkrechten Abstandes AJ (Abb. 1.41) zur maximalen Druckhöhe h_t.

Lösung

Nach GILBOY ist mit Abb. 1.55:

$$m = 0,3$$

und:

$$a = \frac{m \cdot h_f}{sin\beta} = \frac{0,3 \cdot 22}{0,446} = 14,8\ m$$

Der Verlauf der obersten Strömungslinie ist in Abb. 1.42 dargestellt. Die Sickerwassermenge ist mit Gl. (1.79):

$$Q = 9,5 \cdot 10^{-4} \cdot 14,8 \cdot 0,446 \cdot 0,5 = 31,4 \cdot 10^{-4} \frac{m^3}{s \cdot m} = 3,14 \frac{l}{s \cdot m}$$

Nach L. CASAGRANDE ist mit Gl. (1.77):

$$a = \frac{89}{0,895} - \sqrt{\left(\frac{89}{0,895}\right)^2 - \left(\frac{22}{0,446}\right)^2}$$

$$a = 99,4 - \sqrt{9880 - 2411} = 99,4 - \sqrt{7469}$$

$$a = 99,4 - 86,3 = 13,1 \ m$$

Ergebnisse

Die Sickerwassermenge ist, wie schon in der Aufgabe 9 erwähnt, bei homogenen Erddämmen ohne Horizontaldrainage am unterwasserseitigen Dammfuß geringer. Der Vergleich der beiden Ergebnisse zeigt, daß die Sickerwassermenge für das hier betrachtete Beispiel um 0,4 l/s je 1 lfd. m Dammlänge kleiner ist.

Der Abstand a läßt sich nach A. CASAGRANDE nicht berechnen, da der Böschungswinkel $\beta < 30°$ ist.

Nach L. CASAGRANDE ist der Abstand a = 13,1 m, und nach GILBOY beträgt er a = 14,8 m. Ein Vergleich der a-Werte für verschiedene Böschungswinkel bei konstanter Druckhöhe und Dammhöhe (Abb. 1.43) zeigt, daß mit zunehmendem Böschungswinkel β die a-Werte nach L. CASAGRANDE immer stärker von den a-Werten nach A. CASAGRANDE und GILBOY abweichen. Die a-Werte nach L. CASAGRANDE sind auch stets kleiner als die Werte nach A. CASAGRANDE und GILBOY, so daß man im Vergleich zu den letztgenannten zu kleine Sickerwassermengen errechnet.

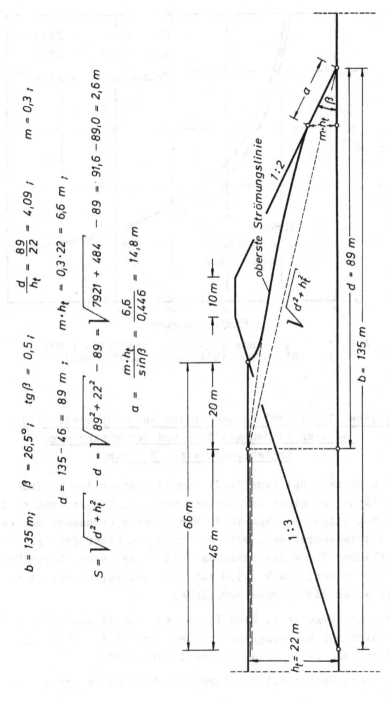

$b = 135\ m;\quad \beta = 26{,}5°;\quad tg\,\beta = 0{,}5;\qquad \dfrac{d}{h_t} = \dfrac{89}{22} = 4{,}09;\qquad m = 0{,}3;$

$d = 135 - 46 = 89\ m;\qquad m \cdot h_t = 0{,}3 \cdot 22 = 6{,}6\ m;$

$S = \sqrt{d^2 + h_t^2} - d = \sqrt{89^2 + 22^2} - 89 = \sqrt{7921 + 484} - 89 = \sqrt{91{,}6} - 89{,}0 = 2{,}6\ m$

$a = \dfrac{m \cdot h_t}{sin\,\beta} = \dfrac{6{,}6}{0{,}446} = 14{,}8\ m$

Abb. 1.42 Berechnung des Abstandes a und Bestimmung der obersten Strömungslinie in einem homogenen Erddamm ohne Horizontaldrainage an der Unterwasserseite.

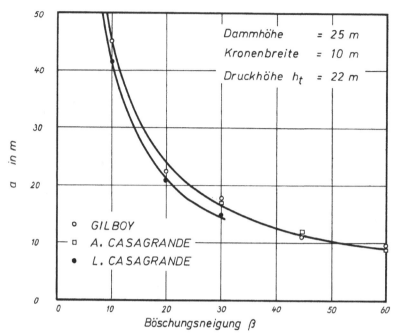

Abb. 1.43 Abstände a nach A. CASAGRANDE (1937),
          L. CASAGRANDE (1934) und GILBOY (1940).

Aufgabe 11 Ermittlung des freien Wasserspiegels eines
            radialen Strömungsnetzes und Berechnung der
            Ergiebigkeit eines Brunnens

Ein Brunnen hat eine Tiefe von 11 m unter der Geländeoberfläche und einen Durchmesser von 1 m. Dem Brunnen soll
kontinuierlich eine konstante Wassermenge entnommen werden.
Der Grundwasserspiegel befindet sich 1 m unter der Geländeoberfläche. Die wasserführende Schicht hat einen Durchlässigkeitsbeiwert von k = $9{,}0 \cdot 10^{-4}$ m/s und reicht bis 13 m
Tiefe unter die Geländeoberfläche.

Welche Wassermenge kann dem Brunnen entnommen werden,
wenn sich der Wasserspiegel im Brunnen bei 3 m über der
Brunnensohle im Beharrungszustand befindet?

Welchen Radius hat der Absenktrichter im Beharrungszustand?

Welche Wassermenge kann dem Brunnen entnommen werden,
wenn sich der Durchlässigkeitsbeiwert auf $k = 9,0 \cdot 10^{-5}$ m/s
ermäßigt?

Welchen Radius hat der Absenktrichter im Beharrungszustand für $k = 9,0 \cdot 10^{-5}$ m/s?

Zeichne die beiden Absenkkurven im Beharrungszustand.

Grundlagen

Ein Brunnen, bei dem das Wasser von jedem beliebigen
Punkt zur Achse des Brunnens strömt, stellt einen Sonderfall der ebenen Potentialströmung dar. In jedem vertikalen
Schnitt ergibt sich das gleiche ebene Strömungsnetz, aus
dem die Sickerwassermenge und der Verlauf des freien Wasserspiegels bestimmt werden können.

Für praktische Zwecke wäre es allerdings zu umständlich,
das Strömungsnetz in allen Einzelheiten aufzutragen. Es genügt, den Verlauf des freien Wasserspiegels nach einer der
Gleichungen oder einem der Näherungsverfahren zu bestimmen,
die in der Literatur für die verschiedensten Aufgabenstel-
lungen bekanntgeworden sind.

SICHARDT (1930) gibt eine Gleichung an, die sich mit
gutem Erfolg für die Berechnung der Ergiebigkeit eines
Brunnens anwenden läßt:

$$Q = 2 \cdot \pi \cdot r \cdot \frac{1}{15} \cdot \sqrt{k} \cdot h' \qquad \left(\frac{m^3}{s}\right) \qquad (1.80)$$

r = wirksamer Brunnenradius in m
k = Durchlässigkeitsbeiwert in m/s
h'= Höhe der benetzten Filterfläche in m

Wenn der Brunnen zum Zwecke der Grundwasserabsenkung betrieben werden soll, so wird die Anlage für Durchlässigkeitsbeiwerte $k > 10^{-4}$ m/s allerdings unwirtschaftlich und
oft technisch undurchführbar.

Die Höhe des freien Wasserspiegels über der Brunnensohle
im Abstand x von der Brunnenachse ist:

$$z = \sqrt{h^2 + \frac{Q}{\pi \cdot k} \cdot (\ln x - \ln r)} \quad (m) \qquad (1.81)$$

Die Absenkung ist:

$$s = H - z = H - \sqrt{h^2 + \frac{Q}{\pi \cdot k} \cdot (\ln x - \ln r)} \quad (m) \qquad (1.82)$$

H = Höhe des ungesenkten Grundwasserhorizontes über der Brunnensohle in m

Theoretisch wird z = H, wenn x = ∞ ist. Praktisch aber wird die Absenkung bald so klein, daß sie innerhalb der täglichen Schwankungen des Grundwasserhorizontes liegt.

Nach SICHARDT kann der Radius genügend genau aus der Gleichung:

$$R = 3000 \cdot s_{max} \cdot \sqrt{k} \quad (m) \qquad (1.83)$$

berechnet werden, wenn s_{max} die größte Absenkung in m bedeutet.

Die Formeln gelten für den Fall, daß der Brunnen bis zur wassertragenden Schicht abgeteuft ist (vollkommener Brunnen). Ist das nicht der Fall, so hat man es mit einem unvollkommenen Brunnen zu tun, und es empfiehlt sich, die nach der Gl. (1.80) ermittelte Brunnenleistung um 20 % zu erhöhen, da die Leistung unvollkommener Brunnen angenähert um diesen Betrag höher ist. Auf die Form der Absenkkurve hat die Lage der wassertragenden Schicht einen so geringen Einfluß, daß auch bei unvollkommenen Brunnen die Gl. (1.82) angewendet werden kann.

Lösung

In den Tab. 1.1 und 1.2 sind die Absenkungen s für die verschiedenen Durchlässigkeitsbeiwerte unter Anwendung der Gl. (1.82) errechnet worden.

Für k = 9,0·10^{-4} m/s ist die Brunnenleistung:

$$Q = 18,9 \cdot 1,2 \approx 23 \; l/s$$

Für k = 9,0·10^{-5} m/s ist die Brunnenleistung:

Tabelle 1.1 Berechnung der Absenkung s für einen homogenen
isotropen Boden mit k = 9,0·10⁻⁴ m/s.

$$k = 9{,}0 \cdot 10^{-4} \ m/s; \quad H = 10\,m; \quad h' = h = 3\,m; \quad h^2 = 9\,m^2; \quad r = 0{,}5\,m; \quad \ln r = -0{,}694$$

$$R = 3000 \cdot s \cdot \sqrt{k} = 3000 \cdot 7 \cdot 3 \cdot 10^{-2} = 630\,m$$

$$Q = 2\pi \cdot r \cdot \frac{1}{15} \cdot \sqrt{k \cdot h'} = \frac{2 \cdot 3{,}14 \cdot 0{,}5}{15} \cdot \sqrt{\frac{3}{100} \cdot 3} = 0{,}0188 \ \frac{m^3}{s} = 18{,}8 \ \frac{l}{s}$$

$$s = H - \sqrt{h^2 + \frac{Q}{\pi \cdot k} \cdot (\ln x - \ln r)} = 100 - \sqrt{9{,}0 + \frac{0{,}0188 \cdot 10^4}{3{,}14 \cdot 9{,}0} \cdot (\ln x + 0{,}694)} = 10{,}0 - \sqrt{9{,}0 + 6{,}7 \cdot (\ln x + 0{,}694)} \ m$$

x	ln x	ln x + 0,694	9,0+6,7(ln x+0,694)	$\sqrt{9{,}0+6{,}7\cdot(\ln x+0{,}694)}$	s
2	0,693	1,387	18,293	4,28	5,72
5	1,609	2,303	24,430	4,94	5,06
10	2,303	2,997	29,079	5,39	4,61
15	2,708	3,402	31,793	5,64	4,36
20	2,996	3,690	33,723	5,81	4,19

Tabelle 1.2 Berechnung der Absenkung s für einen homogenen
isotropen Boden mit k = 9,0·10⁻⁵ m/s.

$k = 9,0 \cdot 10^{-5}\ m/s$; $H = 10\ m$; $h'-h = 3\ m$; $h^2 = 9\ m^2$; $r = 0,5\ m$; $\ln r = -0,694$

$$R = 3000 \cdot s \cdot \sqrt{k} = 3000 \cdot 7 \cdot 0,95 \cdot 10^{-2} = 200\ m$$

$$Q = 2\pi \cdot r \cdot \frac{1}{15} \cdot \sqrt{k \cdot h'} = \frac{2 \cdot 3,14 \cdot 0,5 \cdot 0,95}{15} \cdot \frac{0,95 \cdot 10^{-2}}{100} \cdot 3 = 0,00596\ \frac{m^3}{s} = 5,96\ \frac{l}{s}$$

$$s = H - \sqrt{h^2 + \frac{Q}{\pi \cdot k} \cdot (\ln x - \ln r)} = 10,0 - \sqrt{9,0 + \frac{0,00596 \cdot 10^5}{3,14 \cdot 9,0} \cdot (\ln x + 0,694)} = 10,0 - \sqrt{9,0 + 21 \cdot (\ln x + 0,694)}\ m$$

x	$\ln x$	$\ln x + 0,694$	$9,0+21\cdot(\ln x +0,694)$	$\sqrt{9,0+21\cdot(\ln x+0,694)}$	s
2	0,693	1,387	38,127	6,18	3,82
5	1,609	2,303	57,363	7,58	2,42
10	2,303	2,997	71,937	8,47	1,53
15	2,708	3,402	80,442	8,97	1,03
20	2,996	3,690	86,490	9,30	0,70

$$Q = 5,96 \cdot 1,2 \cong 7 \ l/s$$

Der Radius des Absenktrichters ist im Beharrungszustand angenähert:

Für $k = 9,0 \cdot 10^{-4}$ m/s   R = 630 m.

Für $k = 9,0 \cdot 10^{-5}$ m/s   R = 200 m.

Die Absenkkurven sind in Abb. 1.44 dargestellt.

Ergebnisse

Der Verlauf der Absenkkurve und die Brunnenleistung sind insbesondere bei Grundwasserabsenkungen von Bedeutung. Abb. 1.44 zeigt, daß die Absenkungen bei Böden mit großen Durchlässigkeiten größere Werte annehmen als bei Böden mit kleinen Durchlässigkeitsbeiwerten. Auch reicht der Absenktrichter bei Böden mit großen Durchlässigkeiten sehr viel weiter, und die Brunnenleistung wird mit der Quadratwurzel der Durchlässigkeit größer.

Da insbesondere bei lange betriebenen Grundwasserabsenkungen in starkdurchlässigen Böden der Grundwasserspiegel in weitem Umkreis erheblich abgesenkt wird, können gefährliche Setzungen auftreten, deren Größe und Wirkung vorher gründlich studiert werden muß.

Außer der Kenntnis der Form der Absenkkurve im Beharrungszustand ist in vielen Fällen auch die raumzeitliche Veränderung der Absenkkurve von großem Interesse. Die raumzeitliche Änderung der Absenkkurve wird daher in der Aufgabe 12 in allen Einzelheiten behandelt.

Wenn ein Brunnen zur Wassergewinnung betrieben wird, so ist der Einfluß der Größe des Absenktrichters und des Durchlässigkeitsbeiwertes auf die Brunnenleistung von Interesse. Den größten Einfluß hat der Durchlässigkeitsbeiwert. Die Brunnenleistung erhöht sich proportional mit dem Durchlässigkeitsbeiwert. Der Durchlässigkeitsbeiwert ist daher mit großer Sorgfalt und am besten durch Pumpversuche zu bestimmen, um die größtmögliche Übereinstimmung zwischen der errechneten und später tatsächlich auftretenden Wassermenge zu erzielen.

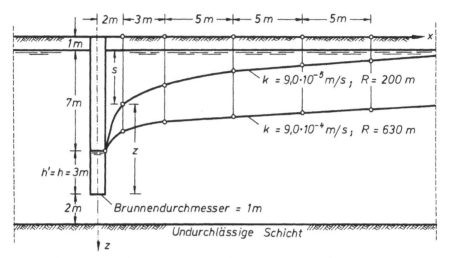

Abb. 1.44 Absenkkurven für zwei Böden mit ver-
           schiedenen Durchlässigkeitsbeiwerten.

Aufgabe 12 Berechnung der zeitlichen Änderung des freien Wasserspiegels eines radialen Strömungsnetzes

Abb. 1.45 zeigt die mittlere Änderung des freien Wasserspiegels während eines Pumpversuches in den Standrohren
Nr. 1 bis 3. Die konstant geförderte Wassermenge betrug
während des Pumpversuches Q = 8,7 l/s. Der Durchlässigkeitsbeiwert beträgt k = 5,7·10⁻⁴ m/s. Der Versuchsbrunnen hat
eine Tiefe von H' = 20 m (Abb. 1.46), und der Grundwasserspiegel befindet sich in einer Tiefe von 4,0 m unter der
Geländeoberfläche.

Am Ort des Versuchsbrunnens soll später eine Grundwasserabsenkung durchgeführt werden, die 2 Monate andauern wird.
Sämtliche Brunnen der Grundwasserabsenkungsanlage haben eine
Tiefe von 16 m unter dem ungesenkten Grundwasserspiegel. Die
konstante Entnahme während der Dauer der Grundwasserabsenkung wird Q = 52 l/s betragen.

Im Abstand von 400 m vom Zentrum der Grundwasserabsenkungsanlage steht ein setzungsempfindliches Gebäude, dessen

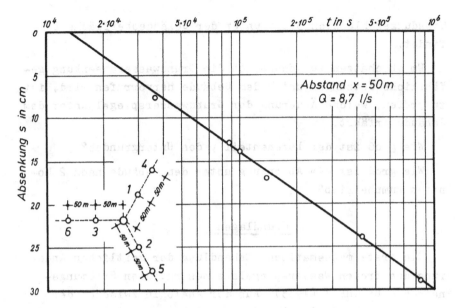

Abb. 1.45 Ergebnisse eines Pumpversuches.

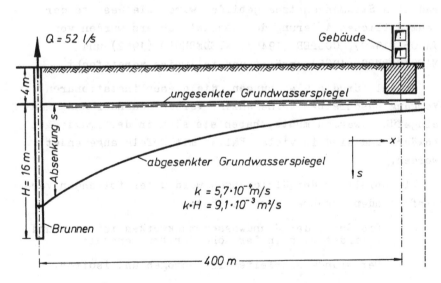

Abb. 1.46 Schnitt durch eine Grundwasser-
           absenkung.

Gründungssohle sich 3,5 m unter der Geländeoberfläche befindet.

Um abschätzen zu können, ob die Grundwasserabsenkung gefährliche Setzungen unter dem Gebäude hervorrufen wird, ist
zu prüfen, welche Änderung der Grundwasserspiegel unter dem
Gebäude erfährt.

Wie groß ist der Porenanteil p des Untergrundes?

Wie groß ist die Absenkung unter dem Gebäude nach 2 Monaten Pumpbetrieb?

Grundlagen

Die erste mathematische Behandlung der zeitlichen Änderung des freien Wasserspiegels eines radialen Strömungsnetzes gibt THEIS (1935). Aus der Analogie zwischen der
Wärmeströmung und der Grundwasserströmung ermittelt er die
Gesetzmäßigkeiten für die raumzeitliche Änderung der Form
des Absenktrichters, der von der freien Oberfläche eines
radialen Strömungsnetzes gebildet wird. Die Gesetze der
raumzeitlichen Änderung des Absenktrichters wurden von
JACOB (1940), COOPER (1946), WIEDERHOLD (1962) und
MAECKELBURG (1965) ergänzt und teilweise vereinfacht.

Obwohl für die Gleichungen, die diesen instationären
Vorgang beschreiben, eine Anzahl vereinfachender Annahmen
eingeführt werden mußte, haben sie sich in der Praxis gut
bewährt und sind in vielen Fällen mit Erfolg angewendet
worden.

Die Ableitung der Gleichungen wird unter folgenden ver-
einfachenden Annahmen durchgeführt:

a) Die Sohle des Grundwasserstockwerkes ist eben und
    befindet sich in der Höhe der Brunnensohle.

b) Der Grundwasserleiter ist homogen und isotrop.

c) Die horizontale Ausdehnung des Grundwasserleiters
    ist unendlich.

d) Der Abstand H des freien, ungesenkten Grundwasser-
    spiegels von der Sohle des Grundwasserstockwerkes
    ist konstant.

e) Die Absenkung s ist klein im Vergleich zur Höhe H
   und somit die vertikale Geschwindigkeitskomponente
   bei der Grundwasserströmung vernachlässigbar.

Aus der Bedingung, daß die Wassermenge, die in der Zeit
dt durch einen beliebigen Zylindermantel strömt, genau so
groß ist wie die Porenentwässerung jenseits dieses Zylin-
dermantels, erhält man (Abb. 1.47):

$$2 \cdot \pi \cdot x \cdot (H-s) \cdot v \cdot dt = \int_{\xi=x}^{\xi=\infty} \frac{\partial s}{\partial t} \cdot dt \cdot 2 \cdot \pi \cdot \xi \cdot d\xi \cdot p \qquad (1.84)$$

p = Porenanteil. Der Porenanteil p ist im allgemeinen
   kleiner als das Porenvolumen n, da nur ein Teil des
   Porenwassers frei beweglich ist.

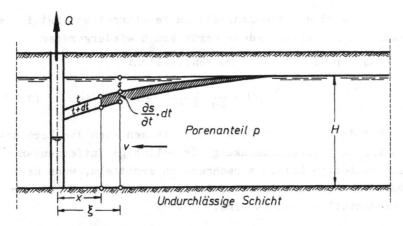

Abb. 1.47 Schnitt durch ein radiales Strömungsnetz
           mit freier Oberfläche.

Mit: $v = -k \cdot \frac{\partial s}{\partial x}$

und der Vereinfachung $(H-s) \cong H$ erhält man:

$$x \cdot \frac{\partial s}{\partial x} = -\frac{p}{k \cdot H} \cdot \int_{\xi=x}^{\xi=\infty} \frac{\partial s}{\partial t} \cdot \xi \cdot d\xi \qquad (1.85)$$

Durch Differentiation ergibt sich daraus die Differentialgleichung der raumzeitlichen Absenkung:

$$\frac{\partial^2 s}{\partial x^2} + \frac{1}{x} \cdot \frac{\partial s}{\partial x} = \frac{p}{k \cdot H} \cdot \frac{\partial s}{\partial t} \qquad (1.86)$$

Die Lösung dieser Differentialgleichung lautet:

$$s(x;t) = \frac{Q}{4 \cdot \pi \cdot k \cdot H} \cdot \int_u^\infty \frac{e^{-u}}{u} \cdot du \qquad (m) \qquad (1.87)$$

Darin ist:

$$u = \frac{x^2 \cdot p}{4 \cdot k \cdot H \cdot t} \qquad\qquad (1.88)$$

Das Integral der Gl. (1.87) läßt sich auch in Form einer konvergenten Reihe schreiben:

$$F(u) = \int_u^\infty \frac{e^{-u}}{u} \, du = -0,5772 - \ln u + u - \frac{u^2}{2 \cdot 2!} + \frac{u^3}{3 \cdot 3!} - \frac{u^4}{4 \cdot 4!} + \cdots (1.89)$$

F(u) wird als Brunnenfunktion bezeichnet und ist in der Tab. 1.3 für verschiedene Werte von u wiedergegeben.

Aus der Gl. (1.87) wird schließlich:

$$s(x;t) = \frac{Q}{4 \cdot \pi \cdot k \cdot H} \cdot F(u) \qquad (m) \qquad (1.90)$$

Mit den Gl. (1.87) bis (1.90) lassen sich die Veränderungen der Spiegelabsenkung für beliebige Entfernungen x und beliebige Zeiten t rechnerisch ermitteln, wenn der Durchlässigkeitsbeiwert k, die Pumpenleistung Q und der Porenanteil p bekannt sind.

Wenn aus einem Pumpversuch die Absenkung s und die Zeit t für diese Absenkung in einem Beobachtungsbrunnen im Abstand x gemessen sind, läßt sich umgekehrt auch der Porenanteil p aus den gegebenen Gleichungen berechnen.

<u>Lösung</u>

Der Abb. 1.45 entnimmt man für eine beliebige Zeit t die zugehörige Absenkung s. Für t = 10^5 s ist zum Beispiel s = 14 cm. Aus der Gl. (1.90) erhält man mit:

$$k \cdot H = 5,7 \cdot 16 \cdot 10^{-4} = 9,1 \cdot 10^{-3} \quad m^2/s$$

$$F(u) = \frac{0,14 \cdot 4 \cdot 3,14 \cdot 9,1}{0,0087 \cdot 10^3}$$

$$F(u) = 1,84$$

Der Tab. 1.3 entnimmt man für die Brunnenfunktion
F(u) = 1,84 :

$$u = 1,0 \cdot 10^{-1}$$

Mit x = 50 m, u = 1,0·10^{-1}, t = 10^5 s und k·H = 9,1·10^{-3}
erhält man aus der Gl. (1.88) den Porenanteil:

$$p = \frac{0,1 \cdot 4 \cdot 9,1 \cdot 10^{-3} \cdot 10^5}{25 \cdot 10^2} = 0,15$$

Nachdem der Porenanteil bekannt ist, kann die Zeit errechnet werden, nach der die Absenkung s im Abstand x = 400 m
vom Zentrum der Absenkungsanlage 10 cm übersteigt.

Es ist nach Gl. (1.90):

$$F(u) = \frac{0,1 \cdot 4 \cdot 3,14 \cdot 9,1 \cdot 10^{-3}}{0,052} = 0,22$$

Der Tab. 1.3 entnimmt man:

$$u = 1,0$$

Somit wird nach Gl. (1.88) nach:

$$t = \frac{16 \cdot 10^4 \cdot 0,15 \cdot 10^3}{4 \cdot 9,1 \cdot 3600 \cdot 24} \cong 7 \ Tagen$$

die Absenkung s = 10 cm überschritten.

Für t = 2 Monate ist nach Gl. (1.88):

$$u = \frac{16 \cdot 10^4 \cdot 0,15 \cdot 10^3}{4 \cdot 9,1 \cdot 2 \cdot 30 \cdot 24 \cdot 3600} = 1,27 \cdot 10^{-1}$$

Der Tab. 1.3 entnimmt man den Wert:

$$F(u) = 1,6 .$$

Somit ist nach 2 Monaten im Abstand x = 400 m die Absenkung:

$$s = \frac{0,052 \cdot 10^3}{4 \cdot 3,14 \cdot 9,1} \cdot 1,6 \cong 0,7 \ m$$

Ergebnisse

Bereits eine Woche nach Beginn der Grundwasserabsenkung

ist der Grundwasserspiegel unter dem Gebäude um s = 10 cm abgesunken. Da die Absenkung noch weiter andauert und bei Beendigung der Arbeiten einen Wert von s = 70 cm erreicht, muß wegen der Zunahme des Raumgewichtes in der entwässerten Zone mit kleinen Setzungen gerechnet werden. In diesem Falle werden die Setzungen so klein bleiben, daß sie an dem Gebäude keine Schäden hervorrufen können. Bei großen Absenkungen können die Setzungen allerdings unzulässig groß werden und kostspielige Schutzmaßnahmen erfordern.

Der Ingenieur wird bei Grundwasserabsenkungen in bebauten Gebieten zu prüfen haben, ob und in welcher Größe Setzungen zu erwarten sind, und muß dementsprechend die Kosten für eventuelle Schutzmaßnahmen berücksichtigen.

Wenn eine Grundwasserabsenkung die längere Trockenlegung von Wasserversorgungsbrunnen zur Folge haben kann, so muß als Schutzmaßnahme für eine rechtzeitige Vertiefung der Brunnen gesorgt werden.

Wenn Gebäudesetzungen hervorgerufen werden können, so muß geprüft werden, ob diese Setzungen einheitlich sind und ob das betroffene Gebäude einheitliche Setzungen aushalten kann. Ist das nicht der Fall oder treten unterschiedliche Setzungen auf, so müssen entsprechende strukturelle Maßnahmen ergriffen werden. Auch kann der Setzung durch Anordnung von Dichteschleiern im unmittelbaren Bereich des Gebäudes Einhalt geboten werden.

Wenn infolge von Geländesetzungen irgendwelche unterirdische oder oberirdische Versorgungs- und Entsorgungsleitungen betroffen werden können, so ist die Geländebewegung sorgfältig zu beobachten. Sobald ein zulässiges Maß überschritten wird, ist die Absenkung im Bereich des gefährdeten Objektes durch die Anordnung von Dichteschleiern einzudämmen.

1.2 Berechnungstafeln und Zahlenwerte

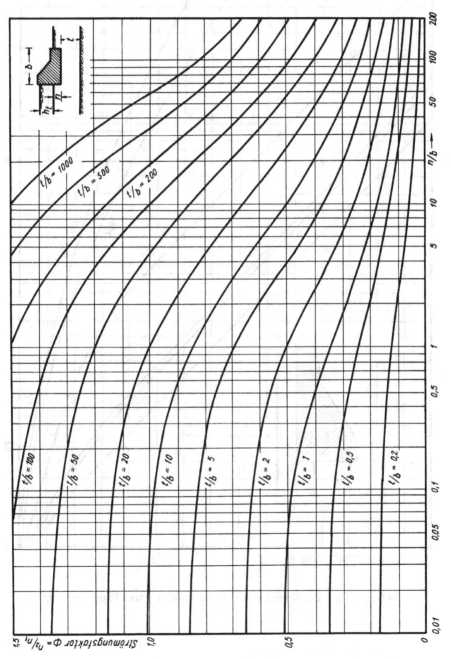

Abb. 1.48 Strömungsfaktoren Φ als Funktion von n/b.

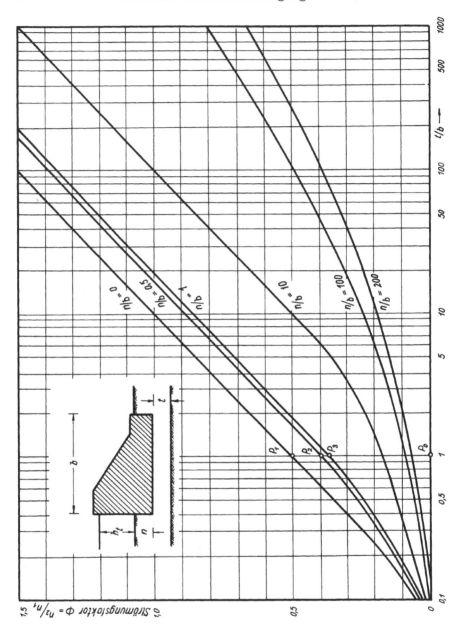

Abb. 1.49 Strömungsfaktoren ϕ als Funktion von t/b.

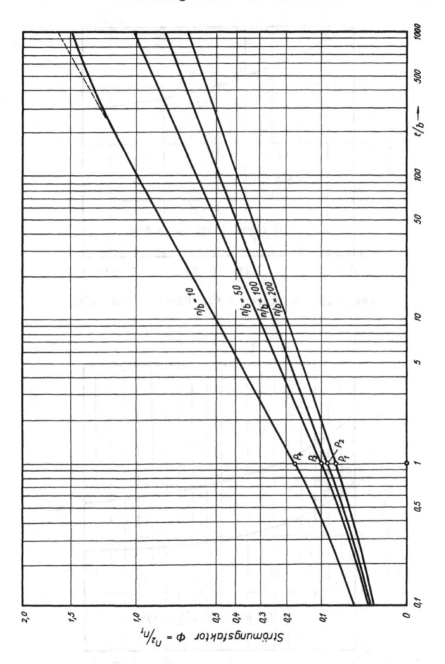

Abb. 1.50 Strömungsfaktoren Φ als Funktion von t/b.

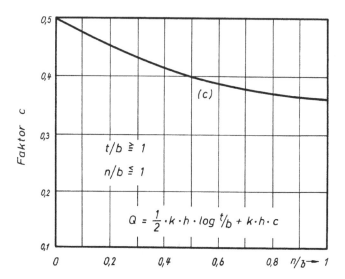

Abb. 1.51 Faktoren c als Funktion von n/b.

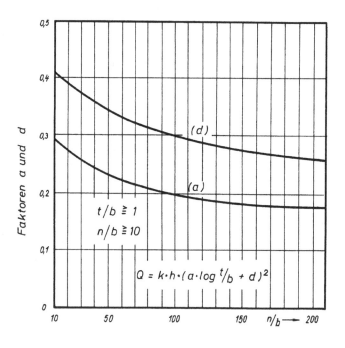

Abb. 1.52 Faktoren a und d als Funktion von n/b.

Oberwasserseite

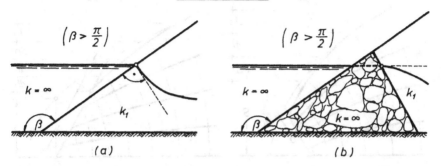

Unterwasserseite

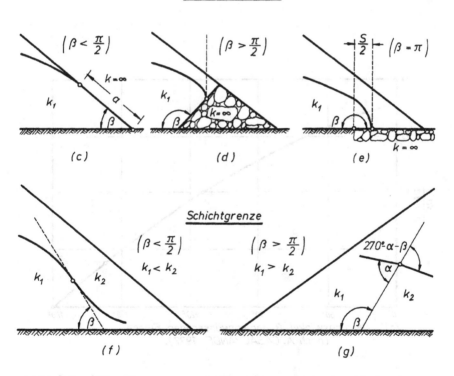

Abb. 1.53 Charakteristische Merkmale und Transformationsbedingungen der obersten Strömungslinie in einem homogenen Erddamm.

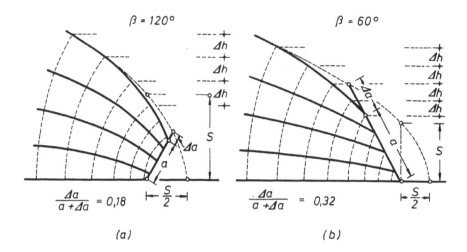

(a)   (b)

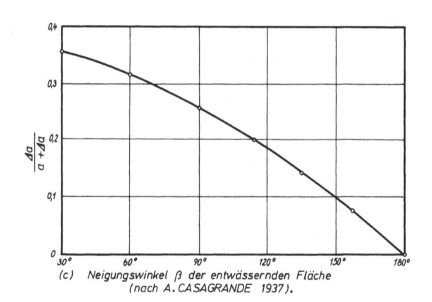

(c)   Neigungswinkel β der entwässernden Fläche
      (nach A.CASAGRANDE 1937).

Abb. 1.54 Bestimmung des Abstandes a für 30°≦ β ≦ 180°
           (nach A.CASAGRANDE 1937).

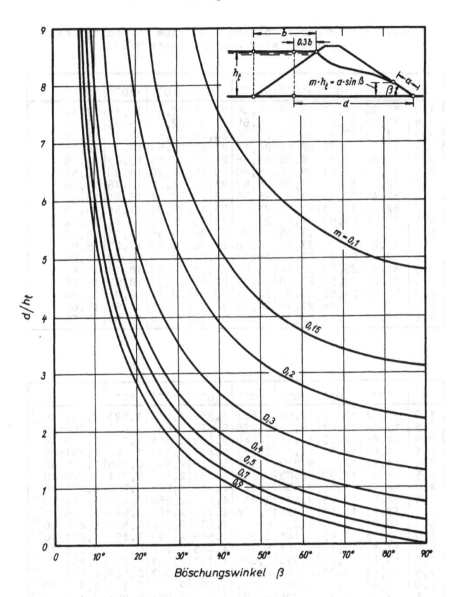

Abb. 1.55 Bestimmung des Abstandes a für $0° \leqq \beta \leqq 90°$
(nach GILBOY 1940).

Tabelle 1.3 Brunnenfunktion F(u) (aus US Geological
Survey Water Supply, Paper 887).

u	$\cdot 10^{-15}$	$\cdot 10^{-14}$	$\cdot 10^{-13}$	$\cdot 10^{-12}$	$\cdot 10^{-11}$	$\cdot 10^{-10}$	$\cdot 10^{-9}$	$\cdot 10^{-8}$
1,0	33,96	31,66	29,36	27,05	24,75	22,45	20,15	17,84
1,5	33,56	31,25	28,95	26,65	24,35	22,04	19,74	17,44
2,0	33,27	30,97	28,66	26,36	24,06	21,76	19,45	17,15
2,5	33,05	30,74	28,44	26,14	23,83	21,53	19,23	16,93
3,0	32,86	30,56	28,26	25,96	23,65	21,35	19,05	16,75
3,5	32,71	30,41	28,10	25,80	23,50	21,20	18,80	16,59
4,0	32,57	30,27	27,97	25,67	23,36	21,06	18,76	16,46
4,5	32,46	30,15	27,85	25,55	23,25	20,94	18,64	16,34
5,0	32,35	30,05	27,75	25,44	23,14	20,84	18,54	16,23
5,5	32,26	29,95	27,65	25,35	23,05	20,74	18,44	16,14
6,0	32,17	29,87	27,56	25,26	22,96	20,66	18,35	16,05
6,5	32,09	29,79	27,48	25,18	22,88	20,58	18,27	15,97
7,0	32,02	29,71	27,41	25,11	22,81	20,50	18,20	15,90
7,5	31,95	29,64	27,34	25,04	22,74	20,43	18,13	15,83
8,0	31,88	29,58	27,28	24,97	22,67	20,37	18,07	15,76
8,5	31,82	29,52	27,22	24,91	22,61	20,31	18,01	15,70
9,0	31,76	29,46	27,16	24,86	22,55	20,25	17,95	15,65
9,5	31,71	29,41	27,11	24,80	22,50	20,20	17,89	15,59

u	$\cdot 10^{-7}$	$\cdot 10^{-6}$	$\cdot 10^{-5}$	$\cdot 10^{-4}$	$\cdot 10^{-3}$	$\cdot 10^{-2}$	$\cdot 10^{-1}$	
1,0	15,54	13,24	10,94	8,633	6,332	4,038	1,823	$2,194 \cdot 10^{-1}$
1,5	15,14	12,83	10,53	8,228	5,927	3,637	1,465	$1,000 \cdot 10^{-1}$
2,0	14,85	12,55	10,24	7,940	5,639	3,355	1,223	$4,890 \cdot 10^{-2}$
2,5	14,62	12,32	10,02	7,717	5,417	3,137	1,044	$2,491 \cdot 10^{-2}$
3,0	14,44	12,14	9,837	7,535	5,235	2,959	0,906	$1,305 \cdot 10^{-2}$
3,5	14,29	11,99	9,683	7,381	5,081	2,810	0,794	$6,970 \cdot 10^{-3}$
4,0	14,15	11,85	9,550	7,247	4,948	2,681	0,702	$3,779 \cdot 10^{-3}$
4,5	14,05	11,73	9,432	7,130	4,831	2,568	0,625	$2,074 \cdot 10^{-3}$
5,0	13,93	11,63	9,326	7,024	4,726	2,468	0,560	$1,148 \cdot 10^{-3}$
5,5	13,84	11,53	9,231	6,929	4,631	2,378	0,503	$6,409 \cdot 10^{-4}$
6,0	13,75	11,45	9,144	6,842	4,545	2,295	0,454	$3,001 \cdot 10^{-4}$
6,5	13,67	11,37	9,064	6,762	4,465	2,220	0,412	$2,034 \cdot 10^{-4}$
7,0	13,60	11,29	8,990	6,688	4,391	2,151	0,374	$1,155 \cdot 10^{-4}$
7,5	13,53	11,22	8,921	6,619	4,323	2,087	0,340	$6,583 \cdot 10^{-5}$
8,0	13,46	11,16	8,856	6,555	4,259	2,027	0,311	$3,767 \cdot 10^{-5}$
8,5	13,40	11,10	8,796	6,494	4,199	1,971	0,284	$2,162 \cdot 10^{-5}$
9,0	13,34	11,04	8,739	6,437	4,142	1,919	0,260	$1,245 \cdot 10^{-5}$
9,5	13,29	10,99	8,685	6,383	4,089	1,870	0,239	$7,185 \cdot 10^{-6}$

1.3 Literatur

DUPUIT (1863) Études théorétiques et pratiques sur le mouvement des eaux. Paris.

KYRIELEIS/SICHARD (1930) Grundwasserabsenkung bei Fundierungsarbeiten. Berlin.

FORCHHEIMER (1930) Hydraulik. Teubner Berlin.

PAVLOVSKY (1933) Die Theorie der Grundwasserbewegung unter wasserbaulichen Anlagen. Originaltext in Russisch. Petersburg.

KOZENY (1934) Grundwasserbewegung bei freiem Spiegel, Fluß- und Kanalversickerung. Wasserkraft und Wasserwirtschaft, Heft 3, 1931, und Heft 8, 1934.

THEIS (1935) The relation between the lowering of the piezometric surface and the rate and duration of discharge of well using ground water storage. Trans. Am. Geophys. Union 16, S. 519 - 524.

DACHLER (1936) Grundwasserströmung. Wien.

BRADFIELD/HOOKER/SOUTHWELL (1937) Conformal transformation with the aid of an electrical tank. Proc. Roy. Soc., A 159, S. 315.

CASAGRANDE A. (1937) Seepage through dams. Boston Soc. Civ. Eng. Cont. to Soil Mech. 1925 - 1940, S. 295.

MUSKAT (1937) Flow of homogeneous fluids through porous media. Ann Arbor, Mich., Edwards Brothers Inc.

GILBOY (1940) Mechanics of hydraulic-fill dams. Boston Soc. Civ. Eng. Cont. to Soil Mech. 1925 - 1940, S. 127.

JACOB (1940) On the flow of water in an elastic artesian aquifer. Trans. Am. Geophys. Union 16, S. 574 - 586.

SHAW/SOUTHWELL (1941) Relaxation methods applied to engineering problems. VII: Problems relating the percolation of fluids through porous materials. Proc. Roy. Soc. A 178, S. 1.

US CORPS OF ENGINEERS (1941) Waterways experiment station. Investigation of filter requirements for underdrains. Techn. Mem. 183-1.

WENZEL (1942) Methods of determining permeability of water-bearing materials. US Geological Survey Water Supply, Paper 887, S. 89.

HATCH (1943) Flow of fluids through granular materials.

Filtration, expansion and hindered settling. Trans. Am. Geophys. Union, 24, S. 536.

COOPER/JACOB (1946) Generalized graphical method for evaluating formation constants and summarizing well-field history. Trans. Am. Geophys. Union, 27, S. 526 - 534.

SOUTHWELL (1946) Relaxation methods in theoretical physics. Oxford Univ. Press London.

FOX (1947) Some improvements in the use of relaxation methods for the solution of ordinary partial differential equations. Proc. Roy. Soc. A 190, S. 31.

TAYLOR (1948) Fundamentals of soil mechanics. Wiley & Sons New York.

HILDEBRAND (1948) Advanced calculus for engineers. Prentice-Hall New York.

DUSINBERRE (1949) Numerical analysis of heat flow. McGraw-Hill New York.

YOWELL (1949) A Monte Carlo method of solving Laplace's equation. Proc. IBM Co., Sem. 87 - 91, New York.

FELLER (1950) An introduction to probability theory and its applications, Vol. 1. Wiley & Sons New York.

KIRKHAM (1950) Seepage into ditches in the case of a plane water table and an impervious substratum. Trans. Am. Geophys. Union 31, S. 425.

PALUBARINOVA/KOCHINA/FALKOVICH (1951) Theory of filtration of liquids in porous media. Adv. App. Mech. 2, S. 153.

PALUBARINOVA/KOCHINA (1952) Die Theorie der Grundwasser-bewegung. (Originaltext in Russisch.) Izdat. Tekh. Teor. Lit. Moskau.

SALVADORI/BARON (1952) Numerical methods in engineering. Prentice-Hall New York.

GIBSON/LUMB (1953) Numerical solution of some problems in the consolidation of clay. Proc. I.C.E. (UK), Pt. 1,2, S. 182.

SHAW (1953) Relaxation methods. Dover New York.

ZANGAR (1953) Theory and problems of water percolation. Bureau of Reclamation, Eng. Monograph 8, US Dept. of Interior Denver.

ALDRICH (1954) Soil mechanics notes on seepage. Massachusetts Institute of Technology.

ALLEN (1954)   Relaxation methods. McGraw-Hill New York.

KARPOFF (1954)   Pavlovsky's theory for phreatic line and
    slope stability. Proc. ASCE, Sept. 386, 80.

TODD (1954)   Experiments in the solution of differential
    equations by Monte Carlo methods. Jour. Wash. Acad.
    Sci. 44, S. 377.

LELIAVSKY (1955)   Irrigation and hydraulic design, Vol. 1.
    Chapman and Hall London.

LANDAU (1957)   A simple procedure for improved accuracy in
    the resistor-network solution of Laplace's and Poisson's
    equations. Trans. Am. Soc. Mech. Eng. Jour. App. Mech.
    79, S. 93.

SCHEIDEGGER (1957)   The physics of flow through porous
    media. Macmillan New York.

TWELKER (1957)   Analysis of seepage in pervious abutments
    of dams. Proc. IV. Int. Conf. Soil Mech. Found. Eng.
    Bd. 2, S. 389.

DÜRBAUM (1957)   Über das Darcysche Gesetz und seine Anwen-
    dungsmöglichkeiten in der Hydrologie. Deutsche gewässer-
    kundliche Mitt. 1. Jg., Heft 4/5.

ESMIOL (1957)   Seepage through foundations containing
    discontinuities. Proc. ASCE 83, SM 1.

DERESIEWICZ (1958)   Mechanics of granular matter. Adv. App.
    Mech. 5, S. 233.

HOUSNER (1958)   The mechanism of sandblows. Bull. Seism.
    Soc. Am. 48, S. 155.

TERZAGHI/LEPS (1958)   Design and performance of Vermillion
    dam, California. Proc. ASCE 84, SM 3.

LEVA (1959)   Fluidization. McGraw-Hill New York.

HAAR/DEEN (1961)   Analysis of seepage problems. Proc. ASCE
    87, SM 5, S. 91.

WIEDERHOLD (1962)   Die raumzeitlichen Verhältnisse des Senk-
    trichters eines Brunnens im Grundwasser mit freier
    Oberfläche. ZfGW-Verlag Frankfurt (1961), und: Das Gas-
    und Wasserfach, Jg. 103, Heft 18.

SCOTT (1963)   Principles of soil mechanics. Addison-Wesley
    Publ. Co. Reading, Massachusetts.

WECHMANN (1964)   Hydrologie. München-Wien.

MAECKELBURG (1965)   Entstehung, Ausbreitung und Reichweite
    des Senktrichters eines Vertikalbrunnens bei freiem
    Grundwasserspiegel. Die Wasserwirtschaft, Heft 1, Jg. 55.

DIN 19 702 (1966) Berechnung der Standsicherheit von
    Wasserbauten. Richtlinien.

SCHULTZE/MUHS (1967) Bodenuntersuchungen für Ingenieurbau-
    ten, 2. Aufl. Springer-Verlag Berlin-Heidelberg-New York,
    S. 280.

BÖLLING (1969) Beitrag zur ebenen Potentialströmung unter
    Stauanlagen. Die Bautechnik, Heft 9.

BÖLLING (1970) Beitrag zur Berechnung von Grundwasser-
    strömungen nach dem Differenzenverfahren. Die Wasser-
    wirtschaft, Heft 3.

2. Spannungsverteilung im Baugrund

2.1 Aufgaben

Aufgabe 13 Spannungen am Volumenelement eines idealelastischen Bodens

Stelle die Spannungskomponenten dar, die an einem Volumenelement eines idealelastischen Bodens angreifen.

Welche Bedingungen müssen erfüllt sein, damit dieses Volumenelement im Gleichgewicht steht, wenn die Spannungen in
allen drei Koordinatenrichtungen kontinuierlich veränderlich sind?

Welche Bedingungen müssen erfüllt sein, damit das Volumenelement im Gleichgewicht steht, wenn die Spannungen in
der y-Richtung konstant sind?

Lösung

Bei kontinuierlicher Veränderlichkeit der Spannungen in
allen drei Koordinatenrichtungen greifen am Volumenelement
außer den Massenkräften X, Y und Z Normalspannungen σ und
Scherspannungen τ an, die in Abb. 2.1 dargestellt sind.

Damit das Volumenelement im Gleichgewicht steht, müssen
folgende Gleichgewichtsbedingungen erfüllt sein:

$$\sum P_x = \sum P_y = \sum P_z = 0 \qquad (2.1)$$

Die Summe aller Kräfte in der x-Richtung ist:

$$\sum P_x = \left(\sigma_x + \frac{\partial \sigma_x}{\partial x} \cdot dx\right) \cdot dy \cdot dz - \sigma_x \cdot dy \cdot dz + \left(\tau_{yx} + \frac{\partial \tau_{yx}}{\partial x}\right) \cdot dz \cdot dx$$

$$- \tau_{yx} \cdot dz \cdot dx + \left(\tau_{zx} + \frac{\partial \tau_{zx}}{\partial z} \cdot dz\right) \cdot dx \cdot dz$$

$$- \tau_{zx} \cdot dx \cdot dy + X \cdot dx \cdot dy \cdot dz = 0 \qquad (2.2)$$

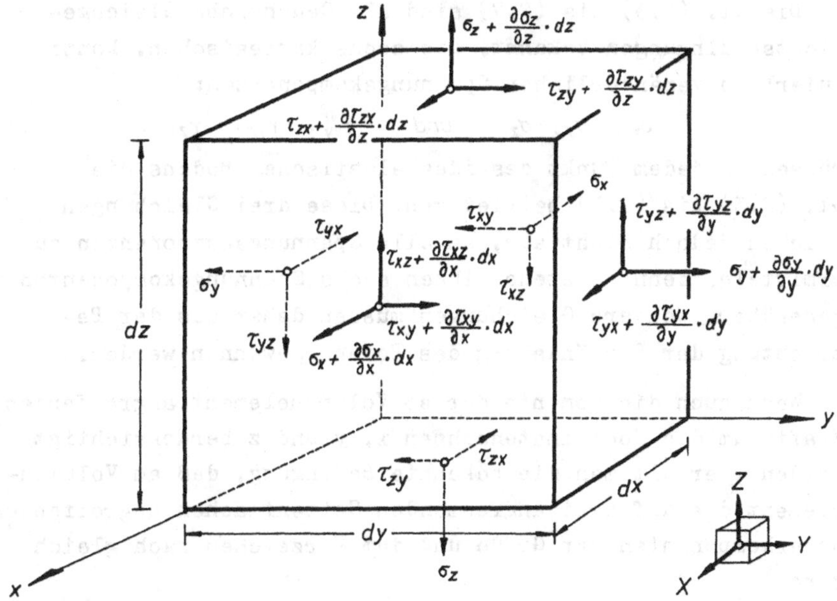

Abb. 2.1   Spannungen und Massenkräfte an einem
           Volumenelement.

Für die Summe aller Kräfte in der y-Richtung und z-Richtung ergeben sich ähnliche Gleichungen. Nach Vereinfachung
dieser Gleichungen und Division durch dx·dy·dz erhält man:

$$\frac{\partial \sigma_x}{\partial x} + \frac{\partial \tau_{yx}}{\partial y} + \frac{\partial \tau_{zx}}{\partial z} + X = 0 \qquad (2.3)$$

$$\frac{\partial \tau_{xy}}{\partial x} + \frac{\partial \sigma_y}{\partial y} + \frac{\partial \tau_{zy}}{\partial z} + Y = 0 \qquad (2.4)$$

$$\frac{\partial \tau_{xz}}{\partial x} + \frac{\partial \tau_{yz}}{\partial y} + \frac{\partial \sigma_z}{\partial z} + Z = 0 \qquad (2.5)$$

Wenn die Spannungen in der y-Richtung konstant sind, ist:

$$\tau_{yx} = \tau_{xy} = \tau_{zy} = \tau_{yz} = const$$

Damit wird aus den Gl. (2.3) bis (2.5):

$$\frac{\partial \sigma_x}{\partial x} + \frac{\partial \tau_{zx}}{\partial z} + X = 0 \qquad (2.6)$$

$$\frac{\partial \sigma_z}{\partial z} + \frac{\partial \tau_{xz}}{\partial x} + Z = 0 \qquad (2.7)$$

Die Gl. (2.3) bis (2.7) sind als Cauchysche Gleichgewichtsbedingungen bekannt. Die sechs kartesischen, kontinuierlich veränderlichen Spannungskomponenten:

$$\sigma_x \, ; \, \sigma_y \, ; \, \sigma_z \qquad und \qquad \tau_{xy} \, ; \, \tau_{yz} \, ; \, \tau_{zx}$$

müssen in jedem Punkt des idealelastischen Bodens die
Gl. (2.3) bis (2.5) befriedigen. Diese drei Gleichungen
reichen jedoch nicht aus, um alle Spannungskomponenten zu
ermitteln, denn es stehen ihnen sechs Spannungskomponenten
gegenüber. Weitere Gleichungen müssen daher aus der Be-
trachtung der Formänderung des Bodens gewonnen werden.

Wenn auch die Momente der am Volumenelement angreifenden
Kräfte um die Koordinatenachsen x, y und z berücksichtigt
werden , erhält man die bekannte Bedingung, daß am Volumenelement die auf zwei angrenzenden Seitenflächen angreifenden
Scherkomponenten der Größe und dem Vorzeichen nach gleich
sind:

$$\tau_{xy} = \tau_{yx} \qquad (2.8)$$

$$\tau_{yz} = \tau_{zy} \qquad (2.9)$$

$$\tau_{zx} = \tau_{xz} \qquad (2.10)$$

Wenn die Spannungen in allen drei Koordinatenrichtungen
kontinuierlich veränderlich sind, müssen die Gleichgewichtsbedingungen der Gl. (2.3) bis (2.5) und die Gl. (2.8) bis
(2.10) erfüllt sein.

Wenn die Spannung in der y-Richtung konstant ist, müssen
die Gleichgewichtsbedingungen der Gl. (2.6) und (2.7) und
die Gl. (2.10) erfüllt sein.

Aufgabe 14   Formänderungen am Volumenelement eines idealelastischen Bodens

Was versteht man unter den Verzerrungen und unter den Verschiebungen eines Volumenelementes?

Wieviel Verzerrungen und Verschiebungen können an einem Volumenelement auftreten?

Durch welche Formänderungskomponenten ist die Formänderung eines Volumenelementes vollständig bestimmt?

Was versteht man unter kubischer Dehnung?

Welche Beziehungen bestehen zwischen der Dehnung ε , der Gleitung γ und den Verschiebungen eines Punktes in einem idealelastischen Boden?

Lösung

Abb. 2.2 zeigt die xz-Seite eines Volumenelementes vor und nach der Formänderung. Die Länge der Kante OA vor der Formänderung sei OA = dx und nach der Formänderung OA' = dx + Δdx.

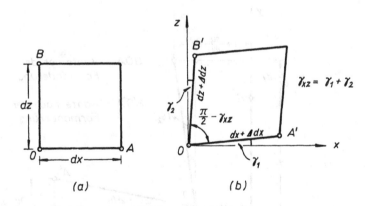

Abb. 2.2   Bezeichnungen:

    a)   Seitenfläche eines Volumenelementes vor der Formänderung.

    b)   Seitenfläche des gleichen Volumenelementes nach der Formänderung.

Der Quotient:

$$\varepsilon_x = \frac{\Delta dx}{dx} \tag{2.11}$$

wird als Dehnung bezeichnet. Analog dazu findet man für die anderen Kanten des Volumenelementes:

$$\varepsilon_y = \frac{\Delta dy}{dy} \tag{2.12}$$

$$\varepsilon_z = \frac{\Delta dz}{dz} \tag{2.13}$$

Außer der Längenänderung der Kanten kann auch eine Änderung der ursprünglich rechten Winkel des Volumenelementes auftreten. In Abb. 2.2 hat sich der ursprünglich rechte Winkel um γ_{xz} verkleinert. Diese Verkleinerung γ_{xz} wird als Gleitung bezeichnet. Analog dazu können auf den anderen Seitenflächen die Verkleinerungen γ_{yz} und γ_{xy} auftreten.

Verkleinerungen des rechten Winkels werden als positive Gleitungen und Verlängerungen der Kanten als positive Dehnungen bezeichnet. Dehnungen und Gleitungen stellen die Verzerrungen eines Volumenelementes dar. Alle Dehnungen und Gleitungen können als klein gegen 1 angenommen werden.

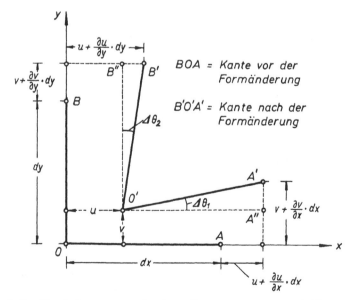

Abb. 2.3 Beziehungen zwischen Verzerrungen und Verschiebungen an einem Volumenelement.

Infolge der Formänderung verschieben sich die Punkte
eines Volumenelementes. Die Verschiebungskomponenten sind
u, v und w (Abb. 2.3). Sie sind ebenfalls klein gegen 1.

Am Volumenelement können somit die sechs Verzerrungen:

$$\varepsilon_x; \ \varepsilon_y; \ \varepsilon_z \quad und \quad \gamma_{xy}; \ \gamma_{xz}; \ \gamma_{yz}$$

und die drei Verschiebungen:

$$u; \ v; \ w$$

auftreten.

Die Formänderung eines Volumenelementes ist entweder
durch die sechs Verzerrungen oder durch die drei Verschiebungen vollständig bestimmt.

Infolge der Dehnung ändert sich das Volumen des Volumenelementes. Vor der Formänderung ist das Volumen:

$$dV = dx \cdot dy \cdot dz .$$

Nach der Formänderung ist es:

$$dV' \cong (dx + \Delta dx) \cdot (dy + \Delta dy) \cdot (dz + \Delta dz)$$

Die Änderung des Volumens $dV' - dV$ in bezug auf das An-
fangsvolumen dV wird als kubische Dehnung bezeichnet:

$$e = \frac{dV' - dV}{dV} = \frac{dV'}{dV} - 1 \tag{2.14}$$

Mit den Gl. (2.11) bis (2.13) erhält man:

$$e = (1 + \varepsilon_x) \cdot (1 + \varepsilon_y) \cdot (1 + \varepsilon_z) - 1 \tag{2.15}$$

und nach weiterer Umformung und Vernachlässigung von
Produkten höherer Ordnung die Gleichung der kubischen
Dehnung:

$$e = \varepsilon_x + \varepsilon_y + \varepsilon_z \tag{2.16}$$

Die Beziehungen zwischen den Verzerrungen und Verschiebungen können aus Abb. 2.3 abgeleitet werden. Es ist:

$$O'A'' = dx + u + \frac{\partial u}{\partial x} \cdot dx - u = dx + \frac{\partial u}{\partial x} \cdot dx \tag{2.17}$$

und:

$$A'A'' = v + \frac{\partial v}{\partial x} \cdot dx - v = \frac{\partial v}{\partial x} \cdot dx \tag{2.18}$$

Die Länge der Hypotenuse in dem rechtwinkligen Dreieck
O' A' A" ist somit:

$$O'A' = \sqrt{\left(dx + \frac{\partial u}{\partial x} \cdot dx\right)^2 + \left(\frac{\partial v}{\partial x} \cdot dx\right)^2} = dx \cdot \sqrt{1 + 2 \cdot \frac{\partial u}{\partial x} + \left(\frac{\partial u}{\partial x}\right)^2 + \left(\frac{\partial v}{\partial x}\right)^2} \quad (2.19)$$

Nach weiterer Umformung und Vernachlässigung von Produkten höherer Ordnung ist:

$$O'A' = dx \cdot \left(1 + \frac{\partial u}{\partial x}\right) \quad (2.20)$$

Die Längenänderung der Strecke OA ist also:

$$\Delta dx = O'A' - OA = dx \cdot \left(1 + \frac{\partial u}{\partial x}\right) - dx = \frac{\partial u}{\partial x} \cdot dx$$

und die Dehnung:

$$\varepsilon_x = \frac{\Delta dx}{dx} = \frac{\partial u}{\partial x} \quad (2.21)$$

Analog dazu sind die Beziehungen der Dehnungen zu den
Verschiebungen in den anderen Koordinatenrichtungen:

$$\varepsilon_y = \frac{\partial v}{\partial y} \quad (2.22)$$

$$\varepsilon_z = \frac{\partial w}{\partial z} \quad (2.23)$$

Der Abb. 2.3 entnimmt man außerdem:

$$tg\,\Delta\theta_1 \cong \Delta\theta_1 = \frac{A'A''}{O'A''} = \frac{(\partial v/\partial x) \cdot dx}{dx + (\partial u/\partial x) \cdot dx} = \frac{\partial v}{\partial x + \partial u} \cong \frac{\partial v}{\partial x}$$

$$tg\,\Delta\theta_2 \cong \Delta\theta_2 = \frac{B'B''}{O'B''} = \frac{(\partial u/\partial y) \cdot dy}{dy + (\partial v/\partial y) \cdot dy} = \frac{\partial u}{\partial y + \partial v} \cong \frac{\partial u}{\partial y}$$

und mit der Definition der Gleitung ist:

$$\gamma_{xy} = \Delta\theta_1 + \Delta\theta_2$$

$$\gamma_{xy} = \frac{\partial u}{\partial y} + \frac{\partial v}{\partial x} \quad (2.24)$$

$$\gamma_{yz} = \frac{\partial v}{\partial z} + \frac{\partial w}{\partial y} \quad (2.25)$$

$$\gamma_{zx} = \frac{\partial w}{\partial x} + \frac{\partial u}{\partial z} \quad (2.26)$$

Zwischen den Verzerrungen und Gleitungen müssen zusätzliche physikalische Beziehungen bestehen, denn beide Formänderungskomponenten werden durch die gleichen Verschiebungskomponenten u, v und w ausgedrückt. Verzerrungen und Gleitungen können also nicht unabhängig voneinander sein. Es müssen daher Gleichungen existieren, in denen die Abhängigkeit der Verzerrungen von den Gleitungen ausgedrückt wird, in denen aber die Verschiebungen nicht mehr enthalten sind. Diese Gleichungen werden Verträglichkeitsbedingungen genannt und lassen sich durch partielle Ableitungen und Kombination der Gl. (2.21) bis (2.26) bestimmen.

Die zweite partielle Ableitung der Gl. (2.21) nach y ist zum Beispiel:

$$\frac{\partial^2 \varepsilon_x}{\partial y^2} = \frac{\partial^3 u}{\partial y^2 \partial x}$$

und die zweite partielle Ableitung der Gl. (2.22) nach x ist:

$$\frac{\partial^2 \varepsilon_y}{\partial x^2} = \frac{\partial^3 v}{\partial x^2 \partial y}$$

Die partielle Ableitung der Gl. (2.24) nach x und y gibt:

$$\frac{\partial^2 \gamma_{xy}}{\partial x\, \partial y} = \frac{\partial^3 u}{\partial y^2 \partial x} + \frac{\partial^3 v}{\partial x^2 \partial y}$$

Die Summe dieser abgeleiteten Gleichungen ist eine der Verträglichkeitsbedingungen:

$$\frac{\partial^2 \varepsilon_x}{\partial y^2} + \frac{\partial^2 \varepsilon_y}{\partial x^2} = \frac{\partial^2 \gamma_{xy}}{\partial x\, \partial y}$$

Bildet man dann die partielle Ableitung von ε_x nach y und z, so ist:

$$\frac{\partial^2 \varepsilon_x}{\partial y\, \partial z} = \frac{\partial^3 u}{\partial x\, \partial y\, \partial z}$$

Die partiellen Ableitungen von γ_{yz} , γ_{zx} und γ_{xy} nach x, y und z ergeben:

$$\frac{\partial \gamma_{yz}}{\partial x} = \frac{\partial^2 v}{\partial x\,\partial z} + \frac{\partial^2 w}{\partial x\,\partial z}$$

$$\frac{\partial \gamma_{zx}}{\partial y} = \frac{\partial^2 u}{\partial y\,\partial z} + \frac{\partial^2 w}{\partial x\,\partial y}$$

$$\frac{\partial \gamma_{xy}}{\partial z} = \frac{\partial^2 u}{\partial y\,\partial z} + \frac{\partial^2 v}{\partial x\,\partial y}$$

Verbindet man diese drei Gleichungen in folgender Weise miteinander, so erhält man durch partielle Ableitung dieses Ausdruckes nach x:

$$\frac{\partial}{\partial x} \cdot \left(-\frac{\partial \gamma_{yz}}{\partial x} + \frac{\partial \gamma_{zx}}{\partial y} + \frac{\partial \gamma_{xy}}{\partial z} \right) =$$

$$= -\frac{\partial^3 v}{\partial x^2\,\partial z} - \frac{\partial^3 w}{\partial x^2\,\partial y} + \frac{\partial^3 u}{\partial x\,\partial y\,\partial z} + \frac{\partial^3 w}{\partial x^2\,\partial y} + \frac{\partial^3 u}{\partial x\,\partial y\,\partial z} + \frac{\partial^3 v}{\partial x^2\,\partial z}$$

oder:

$$\frac{\partial^2 \gamma_{zx}}{\partial x\,\partial y} + \frac{\partial^2 \gamma_{xy}}{\partial z\,\partial x} - \frac{\partial^2 \gamma_{yz}}{\partial x^2} = 2 \cdot \frac{\partial^2 \varepsilon_x}{\partial y\,\partial z}$$

In ähnlicher Weise lassen sich weitere vier Verträglichkeitsbedingungen ermitteln, und alle sechs Verträglichkeitsbedingungen lauten:

$$\frac{\partial^2 \varepsilon_x}{\partial y^2} + \frac{\partial^2 \varepsilon_y}{\partial x^2} = \frac{\partial^2 \gamma_{xy}}{\partial x\,\partial y} \tag{2.27}$$

$$\frac{\partial^2 \varepsilon_y}{\partial z^2} + \frac{\partial^2 \varepsilon_z}{\partial y^2} = \frac{\partial^2 \gamma_{yz}}{\partial y\,\partial z} \tag{2.28}$$

$$\frac{\partial^2 \varepsilon_z}{\partial x^2} + \frac{\partial^2 \varepsilon_x}{\partial z^2} = \frac{\partial^2 \gamma_{zx}}{\partial z\,\partial x} \tag{2.29}$$

$$\frac{\partial^2 \gamma_{zx}}{\partial x\,\partial y} + \frac{\partial^2 \gamma_{xy}}{\partial z\,\partial x} - \frac{\partial^2 \gamma_{yz}}{\partial x^2} = 2 \cdot \frac{\partial^2 \varepsilon_x}{\partial y\,\partial z} \tag{2.30}$$

$$\frac{\partial^2 \gamma_{xy}}{\partial y\,\partial z} + \frac{\partial^2 \gamma_{yz}}{\partial x\,\partial y} - \frac{\partial^2 \gamma_{zx}}{\partial y^2} = 2 \cdot \frac{\partial^2 \varepsilon_y}{\partial z\,\partial x} \tag{2.31}$$

$$\frac{\partial^2 \gamma_{yz}}{\partial z\,\partial x} + \frac{\partial^2 \gamma_{zx}}{\partial y\,\partial z} - \frac{\partial^2 \gamma_{xy}}{\partial z^2} = 2 \cdot \frac{\partial^2 \varepsilon_z}{\partial x\,\partial y} \tag{2.32}$$

Die sechs Verträglichkeitsbedingungen sagen aus, daß sich auch die verzerrten Volumenelemente wieder lückenlos zusammensetzen lassen. Zur Bestimmung der Formänderung in einem idealelastischen Boden müssen alle sechs Beziehungen

zwischen den Verzerrungen und Verschiebungen und gleichzeitig auch alle sechs Verträglichkeitsbedingungen erfüllt
sein.

Aufgabe 15 Beziehungen zwischen Spannungen und Formänderungen eines idealelastischen Bodens

Welche Beziehungen bestehen zwischen den Dehnungen und
Normalspannungen?

Welche Beziehungen bestehen zwischen den Gleitungen und
Scherspannungen?

Welche Beziehungen bestehen zwischen dem Schubmodul und
dem Elastizitätsmodul?

Lösung

Die Beziehungen zwischen den Verzerrungskomponenten und
den Normalspannungskomponenten sind experimentell ermittelt
worden und als Hookesches Gesetz allgemein bekannt.

Zwischen der Normalspannung σ_x (Abb. 2.4) und den Dehnungen bestehen die Beziehungen:

$$\varepsilon_x = + \frac{\Delta dx}{dx} = + \frac{\sigma_x}{E} \qquad (2.33)$$

$$\varepsilon_y = - \frac{\Delta dy}{dy} = - \mu \cdot \frac{\sigma_x}{E} \qquad (2.34)$$

$$\varepsilon_z = - \frac{\Delta dz}{dz} = - \mu \cdot \frac{\sigma_x}{E} \qquad (2.35)$$

Die Dehnung ε_x in der x-Richtung ist von einer Kontraktion
des elastischen Materials in der y-Richtung und z-Richtung
begleitet. E bezeichnet den Elastizitätsmodul des Bodens.
Der Theorie nach ist der Elastizitätsmodul mit der Steifezahl bei unbehinderter Seitendehnung (siehe BÖLLING, Zusammendrückung und Scherfestigkeit von Böden, Aufgabe 26)
identisch. Zwischen der Steifezahl bei behinderter Seitendehnung E_s (siehe BÖLLING, Zusammendrückung und Scherfestigkeit von Böden, Aufgabe 5) und dem Elastizitätsmodul E be-

steht die Beziehung:

$$E = \frac{1 - \mu - 2\mu^2}{1 - \mu} \cdot E_s \qquad (2.36)$$

oder:

$$E = \frac{m^2 - m - 2}{m^2 - m} \cdot E_s \qquad (2.37)$$

Die Querdehnungszahl μ , die in den Gl. (2.34) bis (2.36) vorkommt, liegt nach der Elastizitätstheorie zwischen $\mu = 0$ (querdehnungsfreies Material) und $\mu = 0,5$ (raumbeständiges Material).

Die Poissonzahl m ist der reziproke Wert der Querdehnungszahl:

$$m = \frac{1}{\mu} \qquad (2.38)$$

Für querdehnungsfreies Material ist nach der Gl. (2.36):

$$E = E_s. \qquad (2.39)$$

Für raumbeständiges Material ist nach der Gl. (2.36):

$$E = 0. \qquad (2.40)$$

Im Grundbau ist es oft üblich, die Querdehnungszahl $\mu = 1/3$ zu verwenden, damit wird nach der Gl. (2.36):

$$E = 2/3 \, E_s. \qquad (2.41)$$

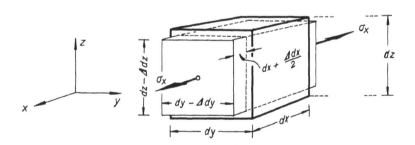

Abb. 2.4   Beziehungen zwischen den Verzerrungen und Normalspannungen.

Für nichtbindige oder schwachbindige Böden und für Fels kann der Elastizitätsmodul auch durch dynamische Bodenuntersuchungen ermittelt werden (SCHULTZE/MUHS 1967, S. 53).

Wenn das Volumenelement (Abb. 2.4) gleichzeitig in allen
drei Koordinatenrichtungen durch die Spannungen σ_x, σ_y und
σ_z belastet wird, erhält man durch Superposition die voll-
ständigen Bedingungen, die zwischen Dehnungen und Normalspannungen bestehen können:

$$\varepsilon_x = \frac{1}{E}\left[\; \sigma_x - \mu \cdot (\sigma_y + \sigma_z) \right] \tag{2.42}$$

$$\varepsilon_y = \frac{1}{E}\left[\; \sigma_y - \mu \cdot (\sigma_z + \sigma_x) \right] \tag{2.43}$$

$$\varepsilon_z = \frac{1}{E}\left[\; \sigma_z - \mu \cdot (\sigma_x + \sigma_y) \right] \tag{2.44}$$

Die Beziehungen zwischen den Gleitungen und Scherspannungen lassen sich aus den Abb. 2.5 und 2.6 ableiten.

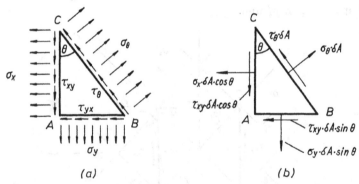

(a)   (b)

Abb. 2.5   Ebener Spannungszustand an einem Flächenelement.

Wenn die Spannungen σ_x, σ_y und τ_{xy} bekannt sind, so lassen
sich die Spannungen σ_θ und τ_θ, die auf der Ebene BC wirken,
ebenfalls angeben. Wenn δA die Fläche der Ebene BC bezeichnet, so wirken auf das Flächenelement die in Abb. 2.5b dargestellten Kräfte. Die Summe aller Kräfte parallel zu σ_θ ist:

$$\sum P_{\sigma_\theta} = \sigma_\theta \cdot \delta A - \sigma_x \cdot \delta A \cdot \cos^2\theta - \sigma_y \cdot \delta A \cdot \sin^2\theta - 2 \cdot \tau_{xy} \cdot \delta A \cdot \cos\theta \cdot \sin\theta = 0$$

Die Summe aller Kräfte parallel zu τ_θ ist:

$$\sum P_{\tau_\theta} = \tau_\theta \cdot \delta A + \tau_{xy} \cdot \delta A \cdot \sin^2\theta - \tau_{xy} \cdot \delta A \cdot \cos^2\theta + \sigma_x \cdot \delta A \cdot \cos\theta \cdot \sin\theta - \sigma_y \cdot \delta A \cdot \cos\theta \cdot \sin\theta = 0$$

Nach Division durch δA und weiterer Vereinfachung erhält man:

$$\sigma_\theta = \sigma_x \cdot \cos^2\theta + \sigma_y \cdot \sin^2\theta + 2 \cdot \tau_{xy} \cdot \sin\theta \cdot \cos\theta \qquad (2.45)$$

$$\tau_\theta = \tau_{xy} \cdot (\cos^2\theta - \sin^2\theta) - (\sigma_x - \sigma_y) \cdot \sin\theta \cdot \cos\theta \qquad (2.46)$$

Die Gl. (2.45) und (2.46) können bei Anwendung von trigonometrischen Gesetzmäßigkeiten geschrieben werden:

$$\sigma_\theta = \frac{1}{2} \cdot (\sigma_x + \sigma_y) + \frac{1}{2} \cdot (\sigma_x - \sigma_y) \cdot \cos 2\theta + \tau_{xy} \cdot \sin 2\theta \qquad (2.47)$$

$$\tau_\theta = \tau_{xy} \cdot \cos 2\theta - \frac{1}{2} \cdot (\sigma_x - \sigma_y) \cdot \sin 2\theta \qquad (2.48)$$

Abb. 2.6 zeigt einmal die xy-Seite eines Volumenelementes mit den angreifenden Scherspannungen τ_{xy} und τ_{yx} und außerdem die um 45° gedrehte Seite mit den angreifenden Normalspannungen σ_x' und σ_y'.

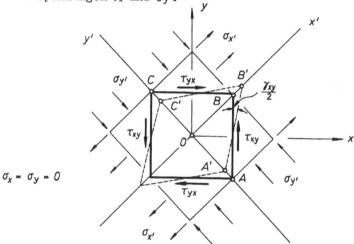

Abb. 2.6 Beziehungen zwischen den Gleitungen und
          Scherspannungen.

Für einen Winkel von $\theta = 45^\circ$ ist nach der Gl. (2.47):

$\sigma_\theta = \sigma_{x'} = \tau_{xy}$ und für $\theta = 135^\circ$ ist: $\sigma_\theta = \sigma_{y'} = -\tau_{xy}$

Unter den dargestellten Spannungen muß die Verkürzung der Strecke CO um CC' gleich sein der Dehnung der Strecke OB um BB'. Der rechte Winkel ABC muß unter den angreifenden

Spannungen um γ_{xy} kleiner werden. Der Abb. 2.6 entnimmt man:

$$\frac{OA'}{OB'} = tg\left(\frac{\pi}{4} - \frac{\gamma_{xy}}{2}\right) = \frac{1 + \varepsilon_{y'}}{1 + \varepsilon_{x'}} \qquad (2.49)$$

Setzt man $\sigma_x = -\sigma_y = \tau_{xy}$ und $\sigma_z = 0$ in die Gl. (2.42) bis (2.44) ein, so erhält man:

$$\varepsilon_{x'} = \frac{1}{E}\cdot(\sigma_{x'} - \mu\cdot\sigma_{y'}) = \frac{(1+\mu)\cdot\sigma_{x'}}{E} = \frac{1+\mu}{E}\cdot\tau_{xy} \qquad (2.50)$$

$$\varepsilon_{y'} = \frac{1}{E}\cdot(\sigma_{y'} - \mu\cdot\sigma_{x'}) = -\frac{(1+\mu)}{E}\cdot\sigma_{x'} = -\frac{(1+\mu)}{E}\cdot\tau_{xy} \qquad (2.51)$$

Die Gl. (2.49) kann auch geschrieben werden:

$$tg\left(\frac{\pi}{4} - \frac{\gamma_{xy}}{2}\right) = \frac{tg(\pi/4) - tg(\gamma_{xy}/2)}{1 + tg(\pi/4)\cdot tg(\gamma_{xy}/2)} \qquad (2.52)$$

oder mit kleinen Werten $\gamma_{xy}/2$:

$$tg\left(\frac{\pi}{4} - \frac{\gamma_{xy}}{2}\right) = \frac{1 - (\gamma_{xy}/2)}{1 + (\gamma_{xy}/2)} \qquad (2.53)$$

Die Gl. (2.50), (2.51) und (2.53) in die Gl. (2.49) eingesetzt, ergibt:

$$\frac{1 - (\gamma_{xy}/2)}{1 + (\gamma_{xy}/2)} = \frac{1 - [(1+\mu)/E]\cdot\tau_{xy}}{1 + [(1+\mu)/E]\cdot\tau_{xy}} \qquad (2.54)$$

und nach weiterer Vereinfachung die gesuchte Beziehung zwischen der Gleitung und der Scherspannung:

$$\gamma_{xy} = \frac{2\cdot(1+\mu)}{E}\cdot\tau_{xy} \qquad (2.55)$$

In ähnlicher Weise erhält man:

$$\gamma_{yz} = \frac{2\cdot(1+\mu)}{E}\cdot\tau_{yz} \qquad (2.56)$$

$$\gamma_{zx} = \frac{2\cdot(1+\mu)}{E}\cdot\tau_{zx} \qquad (2.57)$$

Als Schubmodul bezeichnet man den reziproken Wert von $2\cdot(1+\mu)/E$:

$$G = \frac{E}{2\cdot(1+\mu)} \qquad (kg/cm^2) \qquad (2.58)$$

Damit ergeben sich die Beziehungen zwischen den Gleitungen und Scherspannungen in der Form:

$$\gamma_{xy} = \frac{\tau_{xy}}{G} \; ; \qquad \gamma_{yz} = \frac{\tau_{yz}}{G} \; ; \qquad \gamma_{zx} = \frac{\tau_{zx}}{G} \; . \quad (2.59)$$

Aufgabe 16   Lösung ebener Elastizitätsprobleme in kartesischen Koordinaten mittels der Airyschen Spannungsfunktion

Wie lauten die Beziehungen der Spannungskomponenten zu den Formänderungskomponenten im ebenen Spannungszustand?

Wie lauten die Beziehungen der Spannungskomponenten zu den Formänderungskomponenten im ebenen Formänderungszustand?

Weise nach, daß die Airysche Spannungsfunktion die Gleichgewichtsbedingungen und die Verträglichkeitsbedingungen bei ebenen Spannungsproblemen und ebenen Formänderungsproblemen erfüllt, wenn die Massenkräfte gleich Null gesetzt werden.

Lösung

Die Aufgaben 13 bis 15 zeigen, daß bei räumlichen Spannungen und Formänderungen in einem Punkt innerhalb eines idealelastischen Bodens insgesamt 15 Unbekannte vorkommen. Man hat sechs Spannungskomponenten:

$$\sigma_x \; ; \quad \sigma_y \; ; \quad \sigma_z \quad \text{und} \quad \tau_{xy} \; ; \quad \tau_{yz} \; ; \quad \tau_{zx} \; ;$$

sechs Verzerrungskomponenten:

$$\varepsilon_x \; ; \quad \varepsilon_y \; ; \quad \varepsilon_z \quad \text{und} \quad \gamma_{xy} \; ; \quad \gamma_{yz} \; ; \quad \gamma_{zx} \; ;$$

und drei Verschiebungskomponenten:

$$u, \quad v, \quad w.$$

Zur Bestimmung dieser 15 Unbekannten müssen 15 unabhängige partielle Differentialgleichungen zur Verfügung stehen. Sie können aus den abgeleiteten Gleichungen ausgewählt werden, denn es bestehen:

Drei Beziehungen zwischen den Normalspannungen und
Dehnungen [Gl. (2.42), (2.43) und (2.44)].

Drei Beziehungen zwischen den Scherspannungen und Gleitungen [Gl. (2.59)] .

Drei Beziehungen zwischen den Dehnungen und Verschiebungen [Gl. (2.21), (2.22) und (2.23)] .

Drei Beziehungen zwischen den Gleitungen und Verschiebungen [Gl.(2.24), (2.25) und (2.26)] .

Drei Gleichgewichtsbedingungen [Gl. (2.3), (2.4) und
(2.5)] .

Sechs Verträglichkeitsbedingungen [Gl. (2.27) bis (2.32)].

Die Lösung eines räumlichen Elastizitätsproblems ist
offensichtlich eine sehr umfangreiche mathematische Aufgabe.
Sie wird aber in der Bodenmechanik nur sehr selten erforderlich und ist meistens auch in Polarkoordinaten einfacher
zu bewältigen als in den hier benutzten kartesischen Koordinaten.

Viele Aufgaben der Bodenmechanik lassen sich auch als
ebene Probleme darstellen und in dieser Form wesentlich
leichter behandeln.

Ein ebener Spannungszustand liegt vor, wenn σ_z , τ_{xz} und τ_{yz}
sowie alle Varianten dieser Größen gleich Null sind. Die
Beziehungen der Dehnungen zu den Normalspannungen lauten
daher mit den Gl. (2.42) bis (2.44) für den ebenen Spannungszustand:

$$\varepsilon_x = \frac{1}{E} \cdot (\sigma_x - \mu \cdot \sigma_y) \qquad (2.60)$$

$$\varepsilon_y = \frac{1}{E} \cdot (\sigma_y - \mu \cdot \sigma_x) \qquad (2.61)$$

$$\varepsilon_z = -\frac{1}{E} \cdot (\sigma_x + \sigma_y) \qquad (2.62)$$

Die Beziehungen der Gleitungen zu den Scherspannungen
reduzieren sich auf:

$$\gamma_{xy} = \frac{\tau_{xy}}{G} = \frac{2 \cdot (1 + \mu)}{E} \cdot \tau_{xy} \qquad (2.63)$$

Im ebenen Spannungszustand verbleiben die Gleichgewichtsbedingungen nach den Gl. (2.3) bis (2.5):

$$\frac{\partial \sigma_x}{\partial x} + \frac{\partial \tau_{xy}}{\partial y} + X = 0 \tag{2.64}$$

$$\frac{\partial \tau_{xy}}{\partial x} + \frac{\partial \sigma_y}{\partial y} + Y = 0 \, . \tag{2.65}$$

Aus den Gl. (2.21) bis (2.26) , die die Beziehungen
zwischen den Verzerrungen und Verschiebungen angeben, wird:

$$\varepsilon_x = \frac{\partial u}{\partial x} \, ; \quad \varepsilon_y = \frac{\partial v}{\partial y} \, ; \quad \gamma_{xy} = \frac{\partial u}{\partial y} + \frac{\partial v}{\partial x} \, . \tag{2.66}$$

Die Verträglichkeitsbedingungen reduzieren sich auf:

$$\frac{\partial^2 \varepsilon_x}{\partial y^2} + \frac{\partial^2 \varepsilon_y}{\partial x^2} = \frac{\partial^2 \gamma_{xy}}{\partial x \, \partial y} \, . \tag{2.67}$$

Die Gl. (2.60), (2.61) und (2.63) in die Verträglichkeitsbedingung (2.67) eingesetzt, ergibt:

$$\frac{\partial^2}{\partial y^2} \cdot (\sigma_x - \mu \cdot \sigma_y) + \frac{\partial^2}{\partial x^2} \cdot (\sigma_y - \mu \cdot \sigma_x) = 2 \cdot (1 + \mu) \cdot \frac{\partial^2 \tau_{xy}}{\partial x \, \partial y} \, . \tag{2.68}$$

Die Ableitung der Gl. (2.64) nach x und der Gl. (2.65)
nach y ergibt nach Summierung der beiden Ergebnisse:

$$2 \cdot \frac{\partial^2 \tau_{xy}}{\partial x \, \partial y} = - \frac{\partial^2 \sigma_x}{\partial x^2} - \frac{\partial^2 \sigma_y}{\partial y^2} - \frac{\partial X}{\partial x} - \frac{\partial Y}{\partial y} \, . \tag{2.69}$$

Die Gl. (2.69) in die Gl. (2.68) eingesetzt, ergibt:

$$\left(\frac{\partial^2}{\partial x^2} + \frac{\partial^2}{\partial y^2} \right) \cdot (\sigma_x + \sigma_y) = -(1 + \mu) \cdot \left(\frac{\partial X}{\partial x} + \frac{\partial Y}{\partial y} \right) \tag{2.70}$$

Wenn die Massenkräfte gleich Null sind, so ist:

$$\left(\frac{\partial^2}{\partial x^2} + \frac{\partial^2}{\partial y^2} \right) \cdot (\sigma_x + \sigma_y) = 0 \tag{2.71}$$

Für den ebenen Spannungszustand reduziert sich also das
Problem auf die Lösung der drei partiellen Differentialgleichungen (2.64), (2.65) und (2.70) mit den drei Unbekannten σ_x , σ_y und τ_{xy}.

Wenn ein ebener Formänderungszustand, wie zum Beispiel
die Formänderungen und Spannungen in einem Querschnitt eines
langen Tunnels, vorliegt, läßt sich das Problem ebenfalls
auf die Lösung der genannten drei partiellen Differentialgleichungen reduzieren. Ein ebener Formänderungszustand
liegt vor, wenn γ_{xz} , γ_{yz} und ε_z sowie alle Varianten dieser
Größen gleich Null sind. Wenn $\varepsilon_z = 0$ ist, wird mit der
Gl. (2.44):

$$\sigma_z = \mu \cdot (\sigma_x + \sigma_y) \tag{2.72}$$

Die Gl. (2.72) in die Gl. (2.42) und (2.43) eingesetzt,
ergibt:

$$\varepsilon_x = \frac{1}{E} \cdot \left[(1 - \mu^2) \cdot \sigma_x - \mu \cdot (1 + \mu) \cdot \sigma_y \right] \tag{2.73}$$

$$\varepsilon_y = \frac{1}{E} \cdot \left[(1 - \mu^2) \cdot \sigma_y - \mu \cdot (1 + \mu) \cdot \sigma_x \right] \tag{2.74}$$

Für den ebenen Formänderungszustand gelten ebenfalls die
Gl. (2.63) bis (2.67), die schon für den ebenen Spannungszustand ermittelt wurden. Die Gl. (2.73), (2.74) und (2.63)
in die Gl. (2.67) eingesetzt, ergibt:

$$(1 - \mu) \cdot \left[\frac{\partial^2 \sigma_x}{\partial y^2} + \frac{\partial^2 \sigma_y}{\partial x^2} \right] - \mu \cdot \left[\frac{\partial^2 \sigma_y}{\partial y^2} + \frac{\partial^2 \sigma_x}{\partial x^2} \right] = 2 \cdot \frac{\partial^2 \tau_{xy}}{\partial x \, \partial y} \tag{2.75}$$

Die Gl. (2.69) in die Gl. (2.75) eingesetzt, ergibt:

$$\left(\frac{\partial^2}{\partial x^2} + \frac{\partial^2}{\partial y^2} \right) \cdot (\sigma_x + \sigma_y) = \frac{1}{1 - \mu} \cdot \left(\frac{\partial X}{\partial x} + \frac{\partial Y}{\partial y} \right) \tag{2.76}$$

Wenn die Massenkräfte gleich Null sind, erhält man
wieder die Gl. (2.71):

$$\left(\frac{\partial^2}{\partial x^2} + \frac{\partial^2}{\partial y^2} \right) \cdot (\sigma_x + \sigma_y) = 0$$

Wenn die Massenkräfte konstant oder gleich Null sind,
lassen sich die drei partiellen Differentialgleichungen
(2.64), (2.65) und (2.71) durch Einführung einer neuen
Funktion, der Airyschen Spannungsfunktion F, lösen.

Die Airysche Spannungsfunktion F ist definiert als:

$$\sigma_x = \frac{\partial^2 F}{\partial y^2} \ , \qquad \sigma_y = \frac{\partial^2 F}{\partial x^2} \ ; \qquad \tau_{xy} = -\frac{\partial^2 F}{\partial x\,\partial y} \ . \qquad (2.77)$$

Die Ableitungen der einzelnen Gl. (2.77) sind:

$$\frac{\partial \sigma_x}{\partial x} = \frac{\partial^3 F}{\partial y^2\,\partial x} \qquad\qquad (2.78)$$

$$\frac{\partial \sigma_y}{\partial y} = \frac{\partial^3 F}{\partial x^2\,\partial y} \qquad\qquad (2.79)$$

$$\frac{\partial \tau_{xy}}{\partial y} = -\frac{\partial^3 F}{\partial y^2\,\partial x} \qquad\qquad (2.80)$$

$$\frac{\partial \tau_{xy}}{\partial x} = -\frac{\partial^3 F}{\partial x^2\,\partial y} \qquad\qquad (2.81)$$

Die Gl. (2.78) bis (2.81) in die Gl. (2.64) und (2.65) eingesetzt, zeigt, daß die Airysche Spannungsfunktion F diese Gleichungen erfüllt.

Die Verträglichkeitsbedingung (2.71) wird nach Substitution der Airyschen Spannungsfunktion F:

$$\left(\frac{\partial^2}{\partial x^2} + \frac{\partial^2}{\partial y^2}\right)\cdot\left(\frac{\partial^2 F}{\partial x^2} + \frac{\partial^2 F}{\partial y^2}\right) = \frac{\partial^4 F}{\partial x^4} + 2\cdot\frac{\partial^4 F}{\partial x^2\,\partial y^2} + \frac{\partial^4 F}{\partial y^4} = 0 \quad (2.82)$$

Jede Funktion F, die die Gl. (2.82) erfüllt, erfüllt also auch die Gleichgewichtsbedingungen (2.64) und (2.65) sowie die Verträglichkeitsbedingung (2.71), somit können ebene Elastizitätsprobleme, bei denen die Massenkräfte konstant oder gleich Null sind, auf die Lösung einer biharmonischen Differentialgleichung 4. Grades zurückgeführt werden.

Für viele praktische Probleme in der Bodenmechanik läßt sich die partielle Differentialgleichung (2.82) nicht in geschlossener Form lösen. In diesen Fällen können jedoch vielfach numerische Rechenverfahren zur Ermittlung der Spannungen oder Formänderungen herangezogen werden. Unter den numerischen Rechenverfahren haben sich das Differenzenverfahren und die Methode der finiten Elemente als besonders brauchbar erwiesen.

Die Gl. (2.82) kann analog zu den numerischen Methoden, die im Abschnitt 1 für die Berechnung ebener Potentialströ-

mungen beschrieben wurden, durch die Gl. (2.83) ausgedrückt
werden:

$$8 \cdot (F_1 + F_2 + F_3 + F_4) - 2 \cdot (F_6 + F_8 + F_{10} + F_{12}) -$$

$$- (F_5 + F_7 + F_9 + F_{11}) - 20 \cdot F_0 = 0 \qquad (2.83)$$

Zur Bestimmung des Verlaufes der Spannungsfunktion ist
das Problemgebiet wieder in einen Potentialraster aufzuteilen.
Für die Verteilung des Potentials F und die Anwendung der
Gl. (2.83) gilt die Abb. 2.7.

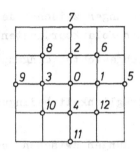

Abb. 2.7 Vereinbarung der Numerierung für
          biharmonische Relaxationen.

Wenn die Randbedingungen bekannt sind, besteht die Lösung der Aufgabe darin, die Verteilung von F innerhalb des
Problemgebietes so vorzunehmen, daß die Bedingungen der
Gl. (2.83) in jedem Punkt des Netzes erfüllt werden. Das
läßt sich entweder durch Anwendung eines Relaxationsver-
fahrens (ALLEN 1954, TIMOSHENKO 1951) oder durch die Auf-
stellung eines linearen algebraischen Gleichungssystems
bei Anwendung der Gl. (2.83) für jeden Punkt des Rasters
innerhalb des Problemgebietes erreichen. In beiden Fällen
ist jedoch die Lösung wegen des ungewöhnlich großen Rechen-
umfanges nur unter Verwendung von Digitalrechnern mit hoher
Speicherkapazität in angemessener Zeit und in wirtschaft-
licher Weise möglich.

Auch führt die Anwendung der Methode der finiten Elemente zu einem derart umfangreichen linearen Gleichungssystem,
daß die Aufgabe nur unter Verwendung eines Computers gelöst

werden kann. Hinsichtlich numerischer Methoden und insbesondere der Methode der finiten Elemente sei in diesem Zusammenhang auf die Veröffentlichungen von ZIENKIEWICZ/
HOLLISTER (1965), SOUTHWORTH/DELEEUW (1965), GIRIJAVALLABHAN/
REESE (1968) und MALINA (1970) hingewiesen.

<u>Aufgabe 17 Lösung ebener Elastizitätsprobleme in Polar-
koordinaten mittels der Airyschen Spannungsfunktion</u>

Wie lauten die Beziehungen zwischen den Verzerrungen und
Verschiebungen in ebenen Polarkoordinaten?

Wie lauten die Gleichgewichtsbedingungen in ebenen Polarkoordinaten?

Wie lauten die Verträglichkeitsbedingungen in ebenen Polarkoordinaten?

Wie lauten die Beziehungen zwischen den Verzerrungen und
Spannungen in ebenen Polarkoordinaten?

Weise nach, daß die Airysche Spannungsfunktion F die
Gleichgewichtsbedingungen und die Verträglichkeitsbedingungen bei ebenen Spannungsproblemen erfüllt, wenn die Massenkräfte gleich Null gesetzt werden.

<u>Lösung</u>

Abb. 2.8 zeigt die positiven Normalspannungen und Scherspannungen für Polarkoordinaten. Bildet man die Summe aller
Kräfte um den Koordinatennullpunkt, so erhält man analog zu
den Gl. (2.8) bis (2.10) für den ebenen Spannungszustand in
Polarkoordinaten:

$$\tau_{r\theta} \;=\; \tau_{\theta r} \qquad (kg/cm^2)$$

Die Beziehungen zwischen den Verzerrungen und Verschiebungen in Polarkoordinaten können aus der Abb. 2.9 abgeleitet werden. Die Verschiebung eines Punktes in radialer
Richtung (r-Richtung) wird mit u bezeichnet. Die Verschiebung eines Punktes in tangentialer Richtung (θ -Richtung)

wird mit v bezeichnet. In Abb. 2.9 wird die Strecke a b
nach der Formänderung a' b'. Die radiale Dehnung ist somit:

$$\varepsilon_r = \frac{a'b' - a\,b}{a\,b} = \frac{u + (\partial u/\partial r)\cdot dr - u}{dr}$$

$$\varepsilon_r = \frac{\partial u}{\partial r} \qquad (2.84)$$

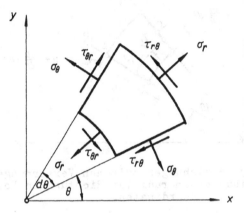

Abb. 2.8 Bezeichnung positiver Spannungen in
          Polarkoordinaten.

Infolge der radialen Verschiebung u wird aus der Strecke
a c die Strecke a' c". Die Länge der Strecke a c ist $r \cdot d\theta$,
und die Länge der Strecke a' c" ist $(r+u)\cdot d\theta$, somit ist die
tangentiale Dehnung:

$$\varepsilon_{\theta_1} = \frac{(r+u)\cdot d\theta - r\cdot d\theta}{r\cdot d\theta} = \frac{u}{r} \qquad (2.85)$$

Es resultiert aber auch eine tangentiale Dehnung aus
einer tangentialen Verschiebung v. Abb. 2.10 zeigt die Beziehungen zwischen den Verzerrungen und Verschiebungen in
tangentialer Richtung. Infolge der tangentialen Verschiebung wird aus der Strecke a c die Strecke a' c', somit ist
die tangentiale Dehnung:

$$\varepsilon_{\theta_2} = \frac{v + (\partial v/\partial\theta)\cdot d\theta - v}{r\cdot d\theta} = \frac{1}{r}\cdot\frac{\partial v}{\partial\theta} \qquad (2.86)$$

Die gesamte tangentiale Dehnung ist:

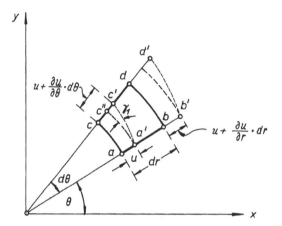

**Abb. 2.9 Beziehungen zwischen Verzerrungen und
Verschiebungen in radialer Richtung in Polarkoordinaten.**

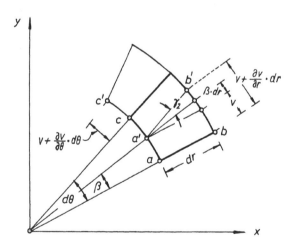

**Abb. 2.10   Beziehungen zwischen Verzerrungen und
Verschiebungen in tangentialer Richtung in Polarkoordinaten.**

$$\varepsilon_\theta = \varepsilon_{\theta_1} + \varepsilon_{\theta_2} = \frac{u}{r} + \frac{1}{r} \cdot \frac{\partial v}{\partial \theta} \qquad (2.87)$$

Die Gleitung $\gamma_{r\theta}$ wird wieder aus der Änderung des rechten Winkels cab in Abb. 2.9 bestimmt. Man liest für kleine Winkel θ ab:

$$tg\,\gamma_1 = \gamma_1 = \frac{(\partial u/\partial\theta) \cdot d\theta}{r \cdot d\theta} = \frac{1}{r} \cdot \frac{\partial u}{\partial \theta} \qquad (2.88)$$

Der Abb. 2.10 entnimmt man für kleine Winkel:

$$tg\,\gamma_2 = \gamma_2 = \frac{v + (\partial v/\partial r) \cdot dr - v - \beta \cdot dr}{dr} \qquad (2.89)$$

Mit der Beziehung $tg\beta = \beta = v/r$ erhält man aus der Gl. (2.89):

$$\gamma_2 = \frac{(\partial v/\partial r) \cdot dr - (v/r) \cdot dv}{dr} = \frac{\partial v}{\partial r} - \frac{v}{r} \qquad (2.90)$$

Die gesamte Gleitung ist:

$$\gamma = \gamma_1 + \gamma_2 = \frac{1}{r} \cdot \frac{\partial u}{\partial \theta} + \frac{\partial v}{\partial r} - \frac{v}{r} \qquad (2.91)$$

Die Gleichungen (2.84), (2.87) und (2.91) stellen die Beziehungen zwischen den Verzerrungen und Verschiebungen in ebenen Polarkoordinaten dar.

Die Gleichgewichtsbedingungen können aus der Abb. 2.11 abgeleitet werden. In der Abb.2.11 ist ein infinitesimales Volumenelement in einem idealelastischen Boden dargestellt. Die Koordinaten des Mittelpunktes M sind r und θ. Im Punkt M wirken die Spannungen σ_r, σ_θ und $\tau_{r\theta}$.

Die Länge der Seite a des Volumenelementes ist:

$$a = r_a \cdot d\theta$$

Die Länge der Seite c ist:

$$c = r_c \cdot d\theta$$

Die Länge der Seite b bzw. d ist:

$$r_c - r_a = dr$$

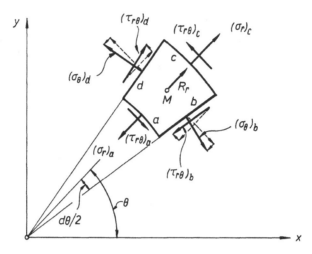

Abb. 2.11   Gleichgewichtsbedingungen an einem Volumen-
            element in Polarkoordinaten.

Bildet man die Summe aller Kräfte in radialer Richtung,
so ist:

$$\sum P_r = (\sigma_r)_c \cdot r_c \cdot d\theta - (\sigma_r)_a \cdot r_a \cdot d\theta + (\tau_{r\theta})_d \cdot \cos\frac{d\theta}{2} \cdot dr - (\tau_{r\theta})_b \cdot \cos\frac{d\theta}{2} \cdot dr -$$

$$- (\sigma_\theta)_b \cdot \sin\frac{d\theta}{2} \cdot dr - (\sigma_\theta)_d \cdot \sin\frac{d\theta}{2} \cdot dr + R_r \cdot r \cdot d\theta \cdot dr = 0 \quad (2.92)$$

Die Summe aller Kräfte in tangentialer Richtung ergibt:

$$\sum P_\theta = (\sigma_\theta)_d \cdot \cos\frac{d\theta}{2} \cdot dr - (\sigma_\theta)_b \cdot \cos\frac{d\theta}{2} \cdot dr + (\tau_{r\theta})_d \cdot \sin\frac{d\theta}{2} \cdot dr +$$

$$+ (\tau_{r\theta})_c \cdot r_c \cdot d\theta - (\tau_{r\theta})_a \cdot r_a \cdot d\theta + (\tau_{r\theta})_b \cdot \sin\frac{d\theta}{2} \cdot dr = 0 \quad (2.93)$$

Bei kleinen Winkeln θ ist:

$$\sin\left(\frac{d\theta}{2}\right) = \frac{d\theta}{2}$$

$$\cos\left(\frac{d\theta}{2}\right) = 1$$

Mit dieser Vereinfachung und nach Division durch $dr \cdot d\theta$ wird aus der Gl. (2.92):

$$\frac{(\sigma_r \cdot r)_c - (\sigma_r \cdot r)_a}{dr} - \frac{(\sigma_\theta)_b + (\sigma_\theta)_d}{2} + \frac{(\tau_{r\theta})_d - (\tau_{r\theta})_b}{d\theta} + R_r \cdot r = 0 \quad (2.94)$$

und aus der Gl. (2.93):

$$\frac{(\sigma_\theta)_d - (\sigma_\theta)_b}{d\theta} + \frac{(\tau_{r\theta} \cdot r)_c - (\tau_{r\theta} \cdot r)_a}{dr} + \frac{(\tau_{r\theta})_d + (\tau_{r\theta})_b}{2} = 0 \quad (2.95)$$

Wenn die Abmessungen des Volumenelementes unendlich klein werden, gelten die Beziehungen:

$$\frac{(\sigma_r \cdot r)_c - (\sigma_r \cdot r)_a}{dr} \longrightarrow \frac{\partial(\sigma_r \cdot r)}{\partial r} = r \cdot \frac{\partial \sigma_r}{\partial r} + \sigma_r$$

$$(\sigma_\theta)_b \longrightarrow (\sigma_\theta)_d \longrightarrow \sigma_\theta$$

$$\frac{(\tau_{r\theta})_d - (\tau_{r\theta})_b}{d\theta} \longrightarrow \frac{\partial \tau_{r\theta}}{\partial \theta}$$

$$\frac{(\sigma_\theta)_d - (\sigma_\theta)_b}{d\theta} \longrightarrow \frac{\partial \sigma_\theta}{\partial \theta}$$

$$\frac{(\tau_{r\theta} \cdot r)_c - (\tau_{r\theta} \cdot r)_a}{dr} \longrightarrow \frac{\partial(\tau_{r\theta} \cdot r)}{\partial r} = r \cdot \frac{\partial \tau_{r\theta}}{\partial r} + \tau_{r\theta}$$

$$(\tau_{r\theta})_d \longrightarrow (\tau_{r\theta})_b \longrightarrow \tau_{r\theta}$$

Damit erhält man die gesuchten Gleichgewichtsbedingungen:

$$\frac{\partial \sigma_r}{\partial r} + \frac{\sigma_r - \sigma_\theta}{r} + \frac{1}{r} \cdot \frac{\partial \tau_{r\theta}}{\partial \theta} + R_r = 0 \quad (2.96)$$

und:

$$\frac{1}{r} \cdot \frac{\partial \sigma_r}{\partial \theta} + \frac{\partial \tau_{r\theta}}{\partial r} + 2 \cdot \frac{\tau_{r\theta}}{r} = 0 \quad (2.97)$$

Die Verträglichkeitsbedingungen werden wieder aus den Beziehungen zwischen den Verzerrungen und Verschiebungen abgeleitet. Die zweite partielle Ableitung von ε_r nach θ ist:

$$\frac{\partial^2 \varepsilon_r}{\partial \theta^2} = \frac{\partial^3 u}{\partial \theta^2 \, \partial r} \quad (2.98)$$

Die partielle Ableitung von $r \cdot \varepsilon_\theta$ nach r ist:

$$\frac{\partial(r\cdot\varepsilon_\theta)}{\partial r} = \frac{\partial u}{\partial r} + \frac{\partial^2 v}{\partial r\,\partial\theta} = \varepsilon_r + \frac{\partial^2 v}{\partial r\,\partial\theta} \qquad (2.99)$$

Die partielle Ableitung der Gl. (2.99) nach r ist:

$$\frac{\partial^2(r\cdot\varepsilon_\theta)}{\partial r^2} = \frac{\partial\varepsilon_r}{\partial r} + \frac{\partial^3 v}{\partial r^2\,\partial\theta} \qquad (2.100)$$

Die partielle Ableitung von $r\cdot\gamma_{r\theta}$ nach r ist:

$$\frac{\partial(r\cdot\gamma_{r\theta})}{\partial r} = \frac{\partial^2 u}{\partial r\,\partial\theta} + r\cdot\frac{\partial^2 v}{\partial r^2} \qquad (2.101)$$

Die partielle Ableitung der Gl. (2.101) nach θ ist:

$$\frac{\partial^2(r\cdot\gamma_{r\theta})}{\partial\theta\,\partial r} = \frac{\partial^3 u}{\partial r\,\partial\theta^2} + \frac{\partial^3 v}{\partial\theta\,\partial r^2} \qquad (2.102)$$

Die Gl. (2.98) und (2.100) in die Gl. (2.102) eingesetzt, ergibt:

$$\frac{\partial^2(r\cdot\gamma_{r\theta})}{\partial\theta\,\partial r} = \frac{\partial^2\varepsilon_r}{\partial\theta^2} + r\cdot\frac{\partial^2(r\cdot\varepsilon_\theta)}{\partial r^2} - r\cdot\frac{\partial\varepsilon_r}{\partial r} \qquad (2.103)$$

Die Gl. (2.103) stellt die Verträglichkeitsbedingung in ebenen Polarkoordinaten dar.

Die Beziehungen zwischen den Verzerrungen und Spannungen in ebenen Polarkoordinaten lauten:

$$\varepsilon_r = \frac{1}{E}\cdot(\sigma_r - \mu\cdot\sigma_\theta) \qquad (2.104)$$

$$\varepsilon_\theta = \frac{1}{E}\cdot(\sigma_\theta - \mu\cdot\sigma_r) \qquad (2.105)$$

$$\gamma_{r\theta} = 2\cdot\frac{(1+\mu)}{E}\cdot\tau_{r\theta} \qquad (2.106)$$

Die Gl. (2.104) bis (2.106) in die Verträglichkeitsbedingung (2.103) eingesetzt, ergibt:

$$2\cdot(1+\mu)\cdot\frac{\partial^2(r\cdot\tau_{r\theta})}{\partial\theta\,\partial r} = \frac{\partial^2(\sigma_r - \mu\cdot\sigma_\theta)}{\partial\theta^2} + r\cdot\frac{\partial^2 r(\sigma_\theta - \mu\cdot\sigma_r)}{\partial r^2} - r\cdot\frac{\partial(\sigma_r - \mu\cdot\sigma_\theta)}{\partial r} \qquad (2.107)$$

Die partielle Ableitung der Gleichgewichtsbedingung (2.96) nach r ist ohne die Berücksichtigung von Massenkräften:

$$\frac{\partial^2 \sigma_r}{\partial r^2} - \frac{1}{r^2} \cdot \frac{\partial \tau_{r\theta}}{\partial \theta} + \frac{1}{r} \cdot \frac{\partial^2 \tau_{r\theta}}{\partial r \, \partial \theta} - \frac{(\sigma_r - \sigma_\theta)}{r^2} + \frac{1}{r} \cdot \frac{\partial (\sigma_r - \sigma_\theta)}{\partial r} = 0 \quad (2.108)$$

Die partielle Ableitung der Gleichgewichtsbedingung (2.97) nach θ und multipliziert mit $1/r$, ergibt:

$$\frac{1}{r^2} \cdot \frac{\partial^2 \sigma_\theta}{\partial \theta^2} + \frac{1}{r} \cdot \frac{\partial^2 \tau_{r\theta}}{\partial r \, \partial \theta} + \frac{2}{r^2} \cdot \frac{\partial \tau_{r\theta}}{\partial \theta} = 0 \qquad (2.109)$$

Multipliziert man die Gleichgewichtsbedingung (2.96) mit $1/r$, so kann man schreiben:

$$\frac{(\sigma_r - \sigma_\theta)}{r^2} = -\frac{1}{r} \cdot \frac{\partial \sigma_r}{\partial r} - \frac{1}{r^2} \cdot \frac{\partial \tau_{r\theta}}{\partial \theta} \qquad (2.110)$$

Die Gl. (2.110) in die Gl. (2.108) eingesetzt, ergibt:

$$\frac{\partial^2 \sigma_r}{\partial r^2} + \frac{1}{r} \cdot \frac{\partial^2 \tau_{r\theta}}{\partial r \partial \theta} + \frac{1}{r} \cdot \frac{\partial \sigma_r}{\partial r} + \frac{1}{r} \cdot \frac{\partial (\sigma_r - \sigma_\theta)}{\partial r} = 0 \quad (2.111)$$

Die Gl. (2.111) in die Gl. (2.109) eingesetzt, ergibt:

$$\frac{2}{r^2} \cdot \frac{\partial \tau_{r\theta}}{\partial \theta} + \frac{2}{r} \cdot \frac{\partial^2 \tau_{r\theta}}{\partial r \partial \theta} + \frac{\partial^2 \sigma_r}{\partial r^2} + \frac{1}{r^2} \cdot \frac{\partial^2 \sigma_r}{\partial \theta^2} + \frac{1}{r} \cdot \frac{\partial \sigma_r}{\partial r} + \frac{1}{r} \frac{\partial (\sigma_r - \sigma_\theta)}{\partial r} = 0 \, (2.112)$$

$$2 \cdot \left(\frac{\partial \tau_{r\theta}}{\partial r} + r \cdot \frac{\partial^2 \tau_{r\theta}}{\partial r \partial \theta} \right) = -r^2 \cdot \frac{\partial^2 \sigma_r}{\partial r^2} - \frac{\partial^2 \sigma_\theta}{\partial \theta^2} - 2r \cdot \frac{\partial \sigma_r}{\partial r} + r \cdot \frac{\partial \sigma_\theta}{\partial r} \qquad (2.113)$$

Die Gl. (2.113) in die Gl. (2.107) eingesetzt, ergibt:

$$-r^2 \cdot \frac{\partial^2 \sigma_r}{\partial r^2} - \frac{\partial^2 \sigma_\theta}{\partial \theta^2} - 2r \cdot \frac{\partial \sigma_r}{\partial r} + r \cdot \frac{\partial \sigma_\theta}{\partial r} = \frac{\partial^2 \sigma_r}{\partial \theta^2} + 2r \cdot \frac{\partial \sigma_\theta}{\partial r} + r^2 \cdot \frac{\partial^2 \sigma_\theta}{\partial r^2} - r \cdot \frac{\partial \sigma_r}{\partial r}$$

und nach weiterer Umformung:

$$\left(\frac{\partial^2}{\partial r^2} + \frac{1}{r^2} \cdot \frac{\partial^2}{\partial \theta^2} + \frac{1}{r} \cdot \frac{\partial}{\partial r} \right) \cdot (\sigma_r + \sigma_\theta) = 0 \qquad (2.114)$$

Die Gl. (2.114) stellt die Verträglichkeitsbedingung, ausgedrückt in Spannungen, für Polarkoordinaten dar und entspricht der Gl. (2.71) für kartesische Koordinaten.

Definiert man die Spannungskomponenten mit der Airyschen Spannungsfunktion F in der Form:

$$\sigma_r = \frac{1}{r} \cdot \frac{\partial F}{\partial r} + \frac{1}{r^2} \cdot \frac{\partial^2 F}{\partial \theta^2} \qquad (2.115)$$

$$\sigma_\theta \;=\; \frac{\partial^2 F}{\partial r^2} \qquad\qquad (2.116)$$

$$\tau_{r\theta} = \frac{1}{r^2}\cdot\frac{\partial F}{\partial\theta} \;-\; \frac{1}{r}\cdot\frac{\partial^2 F}{\partial r\,\partial\theta} \qquad\qquad (2.117)$$

so erfüllen diese Spannungskomponenten wieder die Gleichgewichtsbedingungen (2.96) und (2.97).

Die Gl. (2.115) bis (2.117) in die Gl. (2.114) eingesetzt, führt wieder zu einer biharmonischen partiellen
Differentialgleichung 4. Grades:

$$\left(\frac{\partial^2}{\partial r^2} + \frac{1}{r^2}\cdot\frac{\partial^2}{\partial\theta^2} + \frac{1}{r}\cdot\frac{\partial}{\partial r}\right)\cdot\left(\frac{\partial^2 F}{\partial r^2} + \frac{1}{r^2}\cdot\frac{\partial^2 F}{\partial\theta^2} + \frac{1}{r}\cdot\frac{\partial F}{\partial r}\right) = 0 \qquad (2.118)$$

Jede Spannungsfunktion F, die die partielle Differentialgleichung (2.118) erfüllt, erfüllt gleichzeitig auch die
Gleichgewichtsbedingungen und stellt daher eine Lösung des
ebenen Elastizitätsproblems in Polarkoordinaten dar.

Aufgabe 18   Lösung der Differentialgleichung für ebene Elastizitätsprobleme in Polarkoordinaten

Welche allgemeinen Lösungen bestehen für die in der Aufgabe 17 abgeleitete Differentialgleichung ebener Elastizitätsprobleme in Polarkoordinaten?

Lösung

Lösungen der Differentialgleichung (2.118) lassen sich
durch Trennung der Variablen finden. Setzt man:

$$F(r,\theta) = R(r)\cdot\psi(\theta) \qquad\qquad (2.119)$$

wobei $R(r)$ nur von r und $\psi(\theta)$ nur von θ abhängen, so wird
aus der Gl. (2.118):

$$\psi\cdot\left[\frac{d^4 R}{dr^4} + \frac{2}{r}\cdot\frac{d^3 R}{dr^3} - \frac{1}{r^2}\cdot\frac{d^2 R}{dr^2} + \frac{1}{r^3}\cdot\frac{dR}{dr}\right] =$$

$$-\frac{d^2\psi}{d\theta^2}\cdot\left[\frac{2}{r^2}\cdot\frac{d^2 R}{dr^2} - \frac{2}{r^3}\cdot\frac{dR}{dr} + \frac{4R}{r^4}\right] + \frac{R}{r^4}\cdot\frac{d^4\psi}{d\theta^4} = 0 \qquad (2.120)$$

Wenn ψ eine Konstante ist, dann sind alle Ableitungen von ψ nach θ gleich Null, und man erhält in diesem Falle aus der Gl. (2.120):

$$\frac{d^4R}{dr^4} + \frac{2}{r}\cdot\frac{d^3R}{dr^3} - \frac{1}{r^2}\cdot\frac{d^2R}{dr^2} + \frac{1}{r^3}\cdot\frac{dR}{dr} = 0 \qquad (2.121)$$

oder nach weiterer Umformung:

$$\frac{1}{r}\cdot\frac{d}{dr}\left\{r\cdot\frac{d}{dr}\left[\frac{1}{r}\cdot\frac{d}{dr}\left(r\cdot\frac{dR}{dr}\right)\right]\right\} = 0 \qquad (2.122)$$

Nach Integration der Gl. (2.122) erhält man eine allgemeine Lösung der Gl. (2.121):

$$F(r,0) = R(r)\cdot\psi(0) = A_0\cdot r^2 + B_0\cdot r^2\cdot\log r + C_0\cdot\log r + D_0 \qquad (2.123)$$

Wenn ψ konstant ist, das heißt, wenn die Spannungsfunktion vom Winkel θ unabhängig ist, ist die Gl. (2.123) eine Lösung der partiellen Differentialgleichung (2.118).

Setzt man:

$$\psi = A_0\cdot\theta \qquad (2.124)$$

so ist:

$$\frac{d^2\psi}{d\theta^2} = \frac{d^4\psi}{d\theta^4} = 0$$

und man erhält aus der Gl. (2.120):

$$A_0\cdot\theta\cdot\left[\frac{d^4R}{dr^4} + \frac{2}{r}\cdot\frac{d^3R}{dr^3} - \frac{1}{r^2}\cdot\frac{d^2R}{dr^2} + \frac{1}{r^3}\cdot\frac{dR}{dr}\right] = 0 \qquad (2.125)$$

Die Gl. (2.125) wird erfüllt, wenn der Klammerausdruck gleich Null wird. In diesem Falle ist der Klammerausdruck mit der Gl. (2.121) identisch, somit ist eine weitere allgemeine Lösung der partiellen Differentialgleichung (2.118) für $\psi = A_0\cdot\theta$:

$$F(r,\theta) = E_0\cdot\theta\cdot r^2 + F_0\cdot\theta\cdot r^2\cdot\log r + G_0\cdot\theta\cdot\log r + H_0\cdot\theta \qquad (2.126)$$

Setzt man: $\qquad\qquad \psi = a\cdot\sin\theta \qquad\qquad (2.127)$

so ist:

$$\frac{d^2\psi}{d\theta^2} = -a \cdot \sin\theta$$

und:

$$\frac{d^4\psi}{d\theta^4} = +a \cdot \sin\theta$$

Die Ableitungen der Gl. (2.127) in die Gl. (2.120) eingesetzt, ergibt:

$$\left[\frac{d^4R}{dr^4} + \frac{2}{r} \cdot \frac{d^3R}{dr^3} - \frac{3}{r^2} \cdot \frac{d^2R}{dr^2} + \frac{3}{r^3} \cdot \frac{dR}{dr} - \frac{3R}{r^4}\right] \cdot a \cdot \sin\theta = 0 \quad (2.128)$$

Die Gl. (2.128) wird erfüllt, wenn der Klammerausdruck gleich Null wird. Man erhält nach weiterer Umformung des Klammerausdruckes:

$$\frac{d}{dr}\left\{\frac{1}{r} \cdot \frac{d}{dr}\left[r \cdot \frac{d}{dr}\left(\frac{1}{r} \cdot \frac{d}{dr}(r \cdot R)\right)\right]\right\} = 0 \quad (2.129)$$

und nach Integration der Gl. (2.129):

$$R = A \cdot r + B \cdot r^{-1} + C \cdot r^3 + D \cdot r \cdot \log r \quad (2.130)$$

Somit ist für $\psi = a \cdot \sin\theta$ eine weitere Lösung der partiellen Differentialgleichung (2.118):

$$F(r,\theta) = (A_1 \cdot r + B_1 \cdot r^{-1} + C_1 \cdot r^3 + D_1 \cdot r \cdot \log r) \cdot \sin\theta \quad (2.131)$$

Setzt man: $$F(r,\theta) = b \cdot \cos\theta \quad (2.132)$$

so ist:

$$\frac{d^2\psi}{d\theta^2} = -b \cdot \cos\theta$$

und:

$$\frac{d^4\psi}{d\theta^4} = +b \cdot \cos\theta$$

Die Ableitungen der Gl. (2.132) in die Gl. (2.120) eingesetzt, ergibt:

$$\left[\frac{d^4R}{dr^4} + \frac{2}{r} \cdot \frac{d^3R}{dr^3} - \frac{3}{r^2} \cdot \frac{d^2R}{dr^2} + \frac{3}{r^3} \cdot \frac{dR}{dr} - \frac{3R}{r^4}\right] \cdot b \cdot \cos\theta = 0 \quad (2.133)$$

Die Gl. (2.133) wird erfüllt, wenn der Klammerausdruck gleich Null wird. Man erhält nach weiterer Umformung des Klammerausdruckes wieder die Gl. (2.129) und nach Integration die Gl. (2.130). Somit ist für $\psi = b \cdot \cos\theta$ eine weitere Lösung der partiellen Differentialgleichung (2.118):

$$F(r,\theta) = (E_1 \cdot r + F_1 \cdot r^{-1} + G_1 \cdot r^3 + H_1 \cdot r \cdot \log r) \cdot \cos\theta \qquad (2.134)$$

Setzt man $\psi = \theta \cdot \sin\theta$ oder $\psi = \theta \cdot \cos\theta$, $\qquad\qquad (2.135)$ so sind die Ableitungen der Gl. (2.135):

$$\frac{d^2\psi}{d\theta^2} = 2 \cdot \cos\theta - \theta \cdot \sin\theta$$

oder: $\qquad\qquad \dfrac{d^2\psi}{d\theta^2} = -2 \cdot \sin\theta - \theta \cdot \cos\theta$

und: $\qquad\qquad \dfrac{d^4\psi}{d\theta^4} = -4 \cdot \cos\theta + \theta \cdot \sin\theta$

oder: $\qquad\qquad \dfrac{d^4\psi}{d\theta^4} = 4 \cdot \sin\theta + \theta \cdot \cos\theta$

Die Ableitungen der Gl. (2.135) in die Gl. (2.120) eingesetzt, ergibt:

$$\theta \cdot \binom{\sin\theta}{\cos\theta} \cdot \left[\frac{d^4R}{dr^4} + \frac{2}{r} \cdot \frac{d^3R}{dr^3} - \frac{3}{r^2} \cdot \frac{d^2R}{dr^2} + \frac{3}{r^3} \cdot \frac{dR}{dr} - \frac{3R}{r^4} \right] +$$

$$+ \binom{+4 \cdot \cos\theta}{-4 \cdot \sin\theta} \cdot \left[\frac{1}{r^2} \cdot \frac{d^2R}{dr^2} - \frac{1}{r} \cdot \frac{dR}{dr} + \frac{R}{r^4} \right] = 0 \qquad (2.136)$$

Die Gl. (2.136) wird erfüllt, wenn beide Klammerausdrücke gleich Null werden:

$$\frac{1}{r^2} \cdot \frac{d^2R}{dr^2} - \frac{1}{r} \cdot \frac{dR}{dr} + \frac{R}{r^4} = 0 \qquad (2.137)$$

$$\frac{d^4R}{dr^4} + \frac{2}{r} \cdot \frac{d^3R}{dr^3} - \frac{3}{r^2} \cdot \frac{d^2R}{dr^2} + \frac{3}{r^3} \cdot \frac{dR}{dr} - \frac{3R}{r^4} = 0 \qquad (2.138)$$

Die Gl. (2.138) ist identisch mit der Gl. (2.128), und ihre Lösung ist daher identisch mit der Gl. (2.130). Für die Gl. (2.137) kann man schreiben:

$$\frac{1}{r^2} \cdot \frac{d}{dr} \left[r \cdot \frac{d}{dr} \left(\frac{R}{r} \right) \right] = 0 \qquad (2.139)$$

und nach Integration der Gl. (2.139):

$$R = J_1 \cdot r + K_1 \cdot r \cdot \log r \qquad (2.140)$$

Die beiden rechten Ausdrücke der Gl. (2.140) entsprechen dem ersten und letzten Ausdruck der Gl. (2.130) und sind somit die einzigen Lösungen, die sowohl die Gl. (2.137) als auch die Gl. (2.138) erfüllen. Somit ist für $\psi = \theta \cdot \sin \theta$ oder $\psi = \theta \cdot \cos \theta$ eine weitere Lösung der partiellen Differentialgleichung (2.118):

$$F(r;\theta) = (J_1 \cdot r + K_1 \cdot r \cdot \log r) \cdot \theta \cdot \sin \theta + (L_1 \cdot r + M_1 \cdot r \cdot \log r) \cdot \theta \cdot \cos \theta \qquad (2.141)$$

Setzt man $\psi = \sin n\theta$ oder $\psi = \cos n\theta \qquad$, $\qquad (2.142)$
dann sind die Ableitungen der Gl. (2.142):

$$\frac{d^2\psi}{d\theta^2} = - n^2 \cdot \sin n\theta$$

oder:
$$\frac{d^2\psi}{d\theta^2} = - n^2 \cdot \cos n\theta$$

und:
$$\frac{d^4\psi}{d\theta^4} = + n^4 \cdot \sin n\theta$$

oder:
$$\frac{d^4\psi}{d\theta^4} = + n^4 \cdot \cos n\theta$$

Die Ableitungen der Gl. (2.142) in die Gl. (2.120) eingesetzt, ergibt nach Division durch $\sin n\theta$ oder $\cos n\theta$:

$$\frac{d^4R}{dr^4} + \frac{2}{r} \cdot \frac{d^3R}{dr^3} - \frac{1+2n^2}{r^2} \cdot \frac{d^2R}{dr^2} + \frac{1+2n^2}{r^3} \cdot \frac{dR}{dr} + \frac{n^4-4n^2}{r^4} \cdot R = 0 \quad (2.143)$$

Die Gl. (2.143) ist eine gewöhnliche Differentialgleichung mit veränderlichen Koeffizienten und wird in eine gewöhnliche Differentialgleichung mit konstanten Koeffizienten verwandelt, indem für $r = e^t$ eingeführt wird. Somit ist:

$$t = \log r \qquad ; \qquad \frac{dt}{dr} = \frac{1}{r}$$

Die Ableitungen von R nach r sind:
$$\frac{dR}{dr} = \frac{dR}{dt} \cdot \frac{dt}{dr} = \frac{1}{r} \cdot \frac{dR}{dt} \qquad (2.144)$$

$$\frac{d^2R}{dr^2} = \frac{d}{dr}\left(\frac{1}{r}\cdot\frac{dR}{dt}\right) = \frac{1}{r^2}\cdot\frac{dR}{dt} + \frac{1}{r}\cdot\frac{d^2R}{dt^2}\cdot\frac{dt}{dr} = \frac{1}{r^2}\cdot\left(\frac{d^2R}{dt^2} - \frac{dR}{dt}\right) \quad (2.145)$$

$$\frac{d^3R}{dr^3} = \frac{d}{dr}\left[\frac{1}{r^2}\left(\frac{d^2R}{dt^2} - \frac{dR}{dt}\right)\right] = -\frac{2}{r^3}\cdot\left(\frac{d^2R}{dt^2} - \frac{dR}{dt}\right) + \frac{1}{r^2}\cdot\left(\frac{d^3R}{dt^3}\cdot\frac{dt}{dr} - \frac{d^2R}{dt^2}\cdot\frac{dt}{dr}\right)$$

$$= \frac{1}{r^3}\cdot\left[\frac{d^3R}{dt^3} - 3\cdot\frac{d^2R}{dt^2} + 2\cdot\frac{dR}{dt}\right] \quad (2.146)$$

$$\frac{d^4R}{dr^4} = \frac{d}{dr}\left[\frac{1}{r^3}\cdot\left(\frac{d^3R}{dt^3} - 3\cdot\frac{d^2R}{dt^2} + 2\cdot\frac{dR}{dt}\right)\right]$$

$$= -\frac{3}{r^4}\cdot\left[\frac{d^3R}{dt^3} - 3\cdot\frac{d^2R}{dt^2} + 2\cdot\frac{dR}{dt}\right] + \frac{1}{r^3}\left[\frac{d^4R}{dt^4}\cdot\frac{dt}{dr} - 3\cdot\frac{d^3R}{dt^3}\cdot\frac{dt}{dr} + 2\cdot\frac{d^2R}{dt^2}\cdot\frac{dt}{dr}\right]$$

$$= \frac{1}{r^4}\cdot\left[\frac{d^4R}{dt^4} - 6\cdot\frac{d^3R}{dt^3} + 11\cdot\frac{d^2R}{dt^2} - 6\cdot\frac{dR}{dt}\right] \quad (2.147)$$

Die Gl. (2.144) bis (2.147) in die Gl. (2.143) eingesetzt, ergibt:

$$\frac{d^4R}{dt^4} - 4\cdot\frac{d^3R}{dt^3} + 2\cdot(2-n^2)\cdot\frac{d^2R}{dt^2} + 4n^2\cdot\frac{dR}{dt} + (n^4 - 4n^2)\cdot R = 0 \quad (2.148)$$

Setzt man in der Gl. (2.148) $R(t) = e^{pt}$, so ist:

$$p^4 - 4\cdot p^3 + 2\cdot(2-n^2)\cdot p^2 + 4n^2\cdot p + n^4 - 4n^2 = 0 \quad (2.149)$$

Für $n > 1$ sind die Wurzeln der Gl. (2.149):

$$n; \quad -n; \quad (2-n) \quad und \quad (2+n)$$

Somit ist:

$$R(t) = a\cdot e^{nt} + b\cdot e^{-nt} + c\cdot e^{(2-n)t} + d\cdot e^{(2+n)t} \quad (2.150)$$

und mit $t = \log r$:

$$R(r) = A\cdot r^n + B\cdot r^{-n} + C\cdot r^{(2-n)} + D\cdot r^{(2+n)} \quad (2.151)$$

Für $\psi = \sin n\theta$ oder $\psi = \cos n\theta$ und $n > 1$ ist also eine weitere Lösung der partiellen Differentialgleichung (2.118):

$$F(r;\theta) = \sin n\theta\cdot\left[A_n\cdot r^n + B_n\cdot r^{-n} + C_n\cdot r^{(2-n)} + D_n\cdot r^{(2+n)}\right] +$$

$$+ \cos n\theta\cdot\left[E_n\cdot r^n + F_n\cdot r^{-n} + G_n\cdot r^{(2-n)} + H_n\cdot r^{(2+n)}\right] \quad (2.152)$$

Die Summe aller hier abgeleiteten Lösungen der partiellen Differentialgleichung (2.118) stellt ebenfalls eine Lösung dieser Differentialgleichung dar:

$$F(r,\theta) = A_0 \cdot r^2 + B_0 \cdot r^2 \cdot \log r + C_0 \cdot \log r + D_0 +$$

$$+ \; \theta \cdot (E_0 \cdot r^2 + F_0 \cdot r^2 \cdot \log r + G_0 \cdot \log r + H_0) +$$

$$+ \; \sin\theta \cdot (A_1 \cdot r + B_1 \cdot r^{-1} + C_1 \cdot r^3 + D_1 \cdot r \cdot \log r) +$$

$$+ \; \cos\theta \cdot (E_1 \cdot r + F_1 \cdot r^{-1} + G_1 \cdot r^3 + H_1 \cdot r \cdot \log r) +$$

$$+ \; \theta \cdot \sin\theta \cdot (J_1 \cdot r + K_1 \cdot r \cdot \log r) + \theta \cdot \cos\theta \cdot (L_1 \cdot r + M_1 \cdot r \cdot \log r) +$$

$$+ \; \sum_{n=2}^{\infty} \left(A_n \cdot r^n + B_n \cdot r^{-n} + C_n \cdot r^{(2-n)} + D_n \cdot r^{(2+n)} \right) \sin n\theta \; +$$

$$+ \; \sum_{n=2}^{\infty} \left(E_n \cdot r^n + F_n \cdot r^{-n} + G_n \cdot r^{(2-n)} + H_n \cdot r^{(2+n)} \right) \cos n\theta \quad (2.153)$$

Aufgabe 19   Spannungsverteilung im homogenen isotropen Baugrund unter Streifenlasten

Abb. 2.12 zeigt zwei verschiedene Lagerungsarten eines Schüttgutes mit einem Raumgewicht von $\gamma = 2{,}0$ t/m^3.

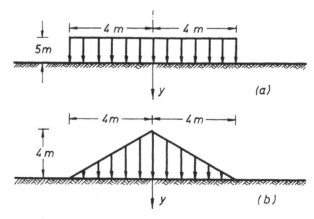

Abb. 2.12 Streifenlasten aus Schüttungen.

Wie groß ist die vertikale Bodenpressung unter den
Schüttungen in einer Tiefe von y = 2,0 m unter der Geländeoberfläche?

Zeichne die Verteilung der vertikalen Bodenpressung für
die beiden dargestellten Arten von Schüttungen in einer
Tiefe von y = 2,0 m unter der Geländeoberfläche.

Grundlagen

Denkt man sich einen Halbzylinder (Abb. 2.13) mit einer
Flüssigkeit gefüllt, so ist die hydrostatische Spannung in
einem Punkt des Halbkreises:

$$\sigma_r = y \cdot \gamma_f \qquad (t/m^2) \qquad (2.154)$$

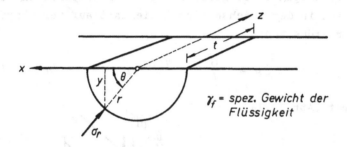

γ_f = spez. Gewicht der
Flüssigkeit

Abb. 2.13 Hydrostatische Spannungen auf der Wan-
dung eines Halbzylinders.

Mit $y = r \cdot \sin\theta$ ist:

$$\sigma_r = -r \cdot \sin\theta \cdot \gamma_f \qquad (t/m^2) \qquad (2.155)$$

Das Gewicht der Flüssigkeit je laufendem Meter Kanallän-
ge ist:

$$G = \frac{r^2 \cdot \pi}{2} \cdot \gamma_f \cdot t \qquad (t)$$

und das Raumgewicht der Flüssigkeit:

$$\gamma_f = \frac{2 \cdot G}{r^2 \cdot \pi \cdot t} \qquad (t/m^3) \qquad (2.156)$$

Die Gl. (2.156) in die Gl. (2.155) eingesetzt, ergibt:

$$\sigma_r = - \frac{r \cdot \sin\theta \cdot 2 \cdot G}{r^2 \cdot \pi \cdot t} = - \frac{2 \cdot G}{\pi \cdot t} \cdot \frac{\sin\theta}{r} \quad (t/m^2) \quad (2.157)$$

oder mit:

$$\frac{G}{\pi \cdot t} = C$$

$$\sigma_r = - \frac{2 \cdot C \cdot \sin\theta}{r} \qquad (t/m^2) \quad (2.158)$$

Die tangentiale Spannung σ_θ und die Scherspannung $\tau_{r\theta}$ müssen in jedem Punkt des Halbkreises gleich Null sein:

$$\sigma_\theta = 0 \qquad\qquad (2.159)$$
$$\tau_{r\theta} = 0 \qquad\qquad (2.160)$$

Es kann nun gezeigt werden, daß sich im Abstand r vom Kreismittelpunkt die gleichen Spannungskomponenten ergeben, wenn man in der z-Achse eine Linienlast auf der Oberfläche in der Größe von:

$$p = - \frac{G}{t} = - \frac{r^2 \cdot \pi}{2} \cdot \gamma_f \qquad (t/m) \quad (2.161)$$

annimmt (Abb. 2.14).

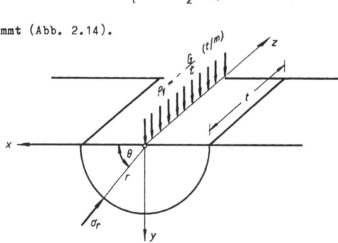

Abb. 2.14 Ermittlung der Spannungsverteilung im Boden unter einer Linienlast.

Die Randbedingungen für eine Linienlast lauten für $r > 0$:

$$\sigma_\theta = \tau_{r\theta} = 0 \quad \text{wenn} \quad \theta = 0 \text{ oder } \pi \qquad (2.162)$$

$$\sigma_r = \sigma_\theta = \tau_{r\theta} = 0 \quad \text{wenn} \quad r = \infty \qquad (2.163)$$

$$\int_0^\pi (\sigma_r)_y \cdot r \cdot d\theta = -\frac{G}{t} \tag{2.164}$$

$$\int_0^\pi (\sigma_r)_x \cdot r \cdot d\theta = 0 \tag{2.165}$$

$(\sigma_r)_y$ ist die y-Komponente der radialen Spannung und $(\sigma_r)_x$ die x-Komponente der radialen Spannung.

Die Spannungsfunktion:

$$F(r,\theta) = C \cdot r \cdot \theta \cdot \cos\theta \tag{2.166}$$

ist eine der möglichen allgemeinen Lösungen der partiellen Differentialgleichung (2.118). Die Spannungskomponenten lauten daher mit den Gl. (2.115) bis (2.117):

$$\sigma_r = \frac{1}{r} \cdot \frac{\partial F}{\partial r} + \frac{1}{r^2} \frac{\partial^2 F}{\partial \theta^2} = \frac{C \cdot \theta \cos\theta}{r} + \frac{C}{r}(-2\sin\theta - \theta\cos\theta) = -\frac{2C \cdot \sin\theta}{r} \tag{2.167}$$

$$\sigma_\theta = \frac{\partial^2 F}{\partial r^2} = 0 \tag{2.168}$$

$$\tau_{r\theta} = \frac{1}{r^2} \cdot \frac{\partial F}{\partial \theta} - \frac{1}{r} \cdot \frac{\partial^2 F}{\partial r \partial \theta} = \frac{C}{r}(\cos\theta - \theta \cdot \sin\theta) - \frac{C}{r}(\cos\theta - \theta \cdot \sin\theta) = 0 \tag{2.169}$$

Die tangentiale Spannung σ_θ und die Scherspannung $\tau_{r\theta}$ sind, wie bereits eingangs ermittelt, gleich Null. Die Randbedingungen (2.162) und (2.163) werden erfüllt, wenn in der Gl. (2.167):

$$\theta = 0 \quad \text{oder} \quad \pi \quad \text{bzw.} \quad r = \infty \quad \text{werden.}$$

Setzt man in der Gl. (2.164):

$$(\sigma_r)_y = \sigma_r \cdot \sin\theta = -\frac{2 \cdot C \cdot \sin^2\theta}{r}$$

so ist:

$$-2 \cdot C \cdot \int_0^\pi \sin^2\theta \cdot d\theta = -\frac{G}{t}$$

und nach Integration:

$$C \cdot \pi = \frac{G}{t}$$

Somit ist die Konstante:

$$C = \frac{G}{\pi \cdot t}$$

und der Ausdruck für die radiale Spannungskomponente σ_r ist
mit der Gl. (2.157) identisch.

Die vertikalen und horizontalen Normalspannungen und die
Scherspannungen auf vertikalen und horizontalen Flächen
lassen sich aus einer Gleichgewichtsbetrachtung aller an
einem Flächenelement angreifenden Kräfte ermitteln. Die
radiale Spannung ist nach Gl. (2.45):

$$\sigma_r = \sigma_x \cdot \cos^2\theta + \sigma_y \cdot \sin^2\theta + 2 \cdot \tau_{xy} \cdot \sin\theta \cdot \cos\theta$$

Aus der trigonometrischen Beziehung:

$$\sin^2\theta + \cos^2\theta = 1 \qquad (2.170)$$

kann eine weitere Gleichung für σ_r abgeleitet werden. Es ist:

$$(\sin^2\theta + \cos^2\theta)^2 = 1 \qquad (2.171)$$

$$\sin^4\theta + 2 \cdot \sin^2\theta \cdot \cos^2\theta + \cos^4\theta = 1 \qquad (2.172)$$

$$\sigma_r \cdot \sin^4\theta + \sigma_r \cdot 2 \cdot \sin^2\theta \cdot \cos^2\theta + \sigma_r \cdot \cos^4\theta = \sigma_r \qquad (2.173)$$

$$\sigma_r = (\sigma_r \cdot \sin^2\theta) \cdot \sin^2\theta + 2 \cdot (\sigma_r \cdot \sin\theta \cdot \cos\theta) \cdot \sin\theta \cdot \cos\theta + (\sigma_r \cdot \cos^2\theta) \cdot \cos^2\theta \qquad (2.174)$$

Die Gl. (2.45) und (2.174) sind identisch, wenn:

$$\sigma_x = \sigma_r \cdot \cos^2\theta \qquad (2.175)$$

$$\sigma_y = \sigma_r \cdot \sin^2\theta \qquad (2.176)$$

$$\tau_{xy} = \sigma_r \cdot \sin\theta \cdot \cos\theta \qquad (2.177)$$

Die Gleichgewichtsbedingung (2.45) wird also erfüllt,
wenn man die Gleichungen (2.175) bis (2.177) in die
Gl. (2.45) einsetzt.

Die vertikalen und horizontalen Normalspannungen und die
Scherspannungen unter einer Linienlast an der Geländeoberfläche erhält man, wenn man die Gl. (2.157) in die

Gl. (2.175) bis (2.177) einsetzt. Es ist mit:

$$x/r = \cos\theta \quad , \quad y/r = \sin\theta \quad \text{und} \quad r^2 = x^2 = y^2$$

$$\sigma_x = -\frac{2 \cdot G \cdot \cos^2\theta \cdot \sin\theta}{\pi \cdot t \cdot r} = \frac{2 \cdot G \cdot x^2 \cdot y}{\pi \cdot t \cdot (x^2 + y^2)^2} \quad (t/m^2) \quad (2.178)$$

$$\sigma_y = -\frac{2 \cdot G \cdot \sin^3\theta}{\pi \cdot t \cdot r} = \frac{2 \cdot G \cdot y^3}{\pi \cdot t \cdot (x^2 + y^2)^2} \quad (t/m^2) \quad (2.179)$$

$$\tau_{xy} = -\frac{2 \cdot G \cdot \sin^2\theta \cdot \cos\theta}{\pi \cdot t \cdot r} = \frac{2 \cdot G \cdot x \cdot y^2}{\pi \cdot t \cdot (x^2 + y^2)^2} \quad (t/m^2) \quad (2.180)$$

Unter dem Halbkreis herrschen bei dem gegebenen Flüssigkeitsgewicht:

$$G = \frac{R^2 \cdot \pi}{2} \cdot t \cdot \gamma_f$$

die Spannungen: R = Radius des Kanalquerschnitts

$$\sigma_x = -\frac{R^2 \cdot x^2 \cdot y}{(x^2 + y^2)^2} \cdot \gamma_f \qquad (t/m^2) \quad (2.181)$$

$$\sigma_y = -\frac{R^2 \cdot y^3}{(x^2 + y^2)^2} \cdot \gamma_f \qquad (t/m^2) \quad (2.182)$$

$$\tau_{xy} = -\frac{R^2 \cdot x \cdot y^2}{(x^2 + y^2)^2} \cdot \gamma_f \qquad (t/m^2) \quad (2.183)$$

Die Lage der Hauptspannungsebene, die Ebene der maximalen Scherspannung, die Größe der Hauptspannungen und der maximalen Scherspannung lassen sich aus den Gl. (2.45) und (2.46) ableiten. Die Neigung der Hauptspannungsebene zur Vertikalen ergibt sich, wenn die Ableitung von σ_θ nach θ gleich Null gesetzt wird:

$$\frac{d\sigma_\theta}{d\theta} = 0 = -(\sigma_x - \sigma_y) \cdot \sin 2\theta_1 + 2 \cdot \tau_{xy} \cdot \cos 2\theta_1 \qquad (2.184)$$

$$tg\, 2\theta_1 = \frac{2 \cdot \tau_{xy}}{\sigma_x - \sigma_y} \qquad (2.185)$$

θ_1 = Winkel zwischen der Vertikalen und einer Hauptspannungsebene

Die Gl. (2.185) wird von zwei Winkeln erfüllt. θ_1 ergibt die Neigung der Ebene der größeren Hauptspannung und $\theta_1 + 90°$ die Neigung der Ebene der kleineren Hauptspannung zur Vertikalen.

Die Gl. (2.185) in die Gl. (2.45) eingesetzt, ergibt die größere Hauptspannung:

$$\sigma_1 = \frac{1}{2} \cdot (\sigma_x + \sigma_y) + \frac{1}{2} \cdot \sqrt{(\sigma_x - \sigma_y)^2 + 4 \cdot \tau_{xy}^2} \qquad (2.186)$$

und die kleinere Hauptspannung:

$$\sigma_3 = \frac{1}{2} \cdot (\sigma_x + \sigma_y) - \frac{1}{2} \cdot \sqrt{(\sigma_x - \sigma_y)^2 + 4 \, \tau_{xy}^2} \qquad (2.187)$$

Die Scherspannung muß auf einer Hauptspannungsebene gleich Null sein. Diese Bedingung wird erfüllt, wenn man die Gl. (2.185) in die Gl. (2.46) einsetzt.

Die Neigung der Ebene der maximalen Scherspannung zur Vertikalen ergibt sich, wenn man die Ableitung von τ_θ nach θ gleich Null setzt:

$$\frac{d\tau_\theta}{d\theta} = 0 = -2 \cdot \tau_{xy} \cdot \sin 2\theta_2 - (\sigma_x - \sigma_y) \cdot \cos 2\theta_2 \qquad (2.188)$$

$$tg \, 2\theta_2 = -\frac{\sigma_x - \sigma_y}{2 \cdot \tau_{xy}} \qquad (2.189)$$

$\theta_2 =$ Winkel zwischen der Vertikalen und der Ebene der maximalen Scherspannung

Die Gl. (2.189) wird ebenfalls von zwei Winkel erfüllt. θ_2 ergibt die Neigung der Ebene der maximalen Scherspannung zur Vertikalen. $\theta_2 + 90°$ ergibt die rechtwinklig dazu angeordnete zweite Ebene der maximalen Scherspannung.

Die Gl. (2.189) in die Gl. (2.46) eingesetzt, ergibt:

$$\begin{matrix} \tau_{max} \\ \tau_{min} \end{matrix} = \begin{matrix} + \\ - \end{matrix} \frac{1}{2} \cdot \sqrt{(\sigma_x - \sigma_y)^2 + 4 \cdot \tau_{xy}^2} \qquad (2.190)$$

Die Gl. (2.187) von der Gl. (2.186) abgezogen, ergibt:

$$\sigma_1 - \sigma_3 = \sqrt{(\sigma_x - \sigma_y)^2 + 4 \cdot \tau_{xy}^2} \qquad (2.191)$$

und mit der Gl. (2.190):

$$\frac{\sigma_1 - \sigma_3}{2} = \tau_{max} \qquad (2.192)$$

In BÖLLING, Zusammendrückung und Scherfestigkeit von Böden, Aufgabe 19, wurden die Gleichgewichtsbedingungen an
einem Flächenelement abgeleitet, an dem die beiden angreifenden Hauptspannungen bekannt sind. Der Winkel θ , der in
dieser Ableitung verwendet wurde, wird von einer beliebigen
Spannungsebene und der Ebene der größeren Hauptspannung gebildet. Für diesen Fall gelten die Gl. (2.193) und (2.194):

$$\sigma_\theta = \sigma_1 \cdot \cos^2\theta + \sigma_3 \cdot \sin^2\theta \qquad (t/m^2) \qquad (2.193)$$

$$\tau_\theta = (\sigma_1 - \sigma_3) \cdot \sin\theta \cdot \cos\theta \qquad (t/m^2) \qquad (2.194)$$

Erweitert man die Gl. (2.193) in der folgenden Weise:

$$\sigma_\theta = \sigma_1 \cdot \cos^2\theta + \sigma_3 \cdot \sin^2\theta + \sigma_3 \cdot \cos^2\theta - \sigma_3 \cdot \cos^2\theta \qquad (t/m^2)$$

so kann man auch schreiben:

$$\sigma_\theta = (\sigma_1 + \sigma_3) \cdot \cos^2\theta + \sigma_3 \cdot (\sin^2\theta - \cos^2\theta) \qquad (t/m^2)$$

Mit den bekannten trigonometrischen Beziehungen:

$$\cos^2\theta = \frac{1}{2} (1 + \cos 2\theta)$$

$$\sin^2\theta - \cos^2\theta = -\cos 2\theta$$

ist dann:

$$\sigma_\theta = \frac{\sigma_1 + \sigma_3}{2} + \frac{\sigma_1 - \sigma_3}{2} \cdot \cos 2\theta \qquad (t/m^2) \qquad (2.195)$$

Für die Gl. (2.194) läßt sich mit der Beziehung:

$$\sin 2\theta = 2 \cdot \sin\theta \cdot \cos\theta$$

schreiben:

$$\tau_\theta = \frac{\sigma_1 - \sigma_3}{2} \cdot \sin 2\theta \qquad (t/m^2) \qquad (2.196)$$

Für einen schmalen Streifen mit der konzentrierten Last
$p \cdot t \cdot dx$ im Abstand x erhält man aus den Gl. (2.178) bis

(2.180) (Abb. 2.15):

$$d\sigma_x \; = \; - \; \frac{2 \cdot p \cdot t \cdot dx}{\pi \cdot t} \quad \frac{cos^2\theta \cdot sin\theta}{r} \qquad (2.197)$$

$$d\sigma_y \; = \; - \; \frac{2 \cdot p \cdot t \cdot dx}{\pi \cdot t} \quad \frac{sin^3\theta}{r} \qquad (2.198)$$

$$d\tau_{xy} \; = \; - \; \frac{2 \cdot p \cdot t \cdot dx}{\pi \cdot t} \quad \frac{sin^2\theta \cdot cos\theta}{r} \qquad (2.199)$$

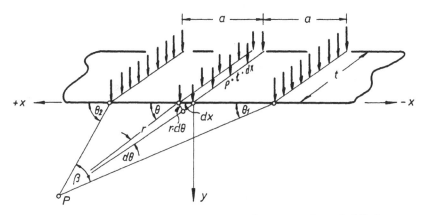

Abb. 2.15 Gleichmäßige Streifenlast an der Gelände-
           oberfläche.

In Abb. 2.15 liest man ab:

$$r \cdot d\theta = dx \cdot sin\,\theta \qquad (2.200)$$

Die Gl. (2.200) in die Gl. (2.197) bis (2.199) eingesetzt,
ergibt:

$$d\sigma_x \; = \; - \; \frac{2 \cdot p}{\pi} \cdot cos^2\theta \cdot d\theta \qquad (2.201)$$

$$d\sigma_y \; = \; - \; \frac{2 \cdot p}{\pi} \cdot sin^2\theta \cdot d\theta \qquad (2.202)$$

$$d\tau_{xy} \; = \; - \; \frac{2 \cdot p}{\pi} \cdot sin\theta \cdot cos\theta \cdot d\theta \qquad (2.203)$$

Integriert man die Gl. (2.201) bis (2.203) in den Grenzen von θ_1 bis θ_2, so erhält man:

$$\sigma_x \; = \; - \; \frac{2p}{\pi} \int_{\theta_1}^{\theta_2} cos^2\theta \cdot d\theta \; = \; - \; \frac{p}{2\pi} \left[2 \cdot (\theta_2 - \theta_1) + (sin\,2\theta_2 - sin\,2\theta_1) \right]$$

$$\sigma_y \; = \; - \; \frac{2p}{\pi} \int_{\theta_1}^{\theta_2} sin^2\theta \cdot d\theta \; = \; - \; \frac{p}{2\pi} \left[2 \cdot (\theta_2 - \theta_1) - (sin\,2\theta_2 - sin\,2\theta_1) \right]$$

$$\tau_{xy} = -\frac{p}{\pi} \cdot \int_{\theta_1}^{\theta_2} sin\,2\theta \cdot d\theta = +\frac{p}{2\pi} \cdot \left[cos\,2\theta_2 - cos\,2\theta_1 \right]$$

und nach weiterer Umformung:

$$\sigma_x = -\frac{p}{\pi} \cdot \left[\theta_2 - \theta_1 + sin\,(\theta_2 - \theta_1) \cdot cos(\theta_2 + \theta_1) \right] \quad (2.204)$$

$$\sigma_y = -\frac{p}{\pi} \cdot \left[\theta_2 - \theta_1 - sin\,(\theta_2 - \theta_1) \cdot cos\,(\theta_2 + \theta_1) \right] \quad (2.205)$$

$$\tau_{xy} = -\frac{p}{\pi} \cdot \left[sin\,(\theta_2 + \theta_1) \cdot sin\,(\theta_2 - \theta_1) \right] \quad (2.206)$$

Wenn β der eingeschlossene Winkel im Punkt P (Abb. 2.15) ist, so ist:

$$\beta = \theta_2 - \theta_1 \quad\quad\quad\quad (2.207)$$

Liegt der Punkt P auf der y-Achse, so ist:

$$\theta_1 + \theta_2 = \pi$$

und die Gl. (2.204) bis (2.206) vereinfachen sich in folgender Weise:

$$\sigma_x = -\frac{p}{\pi} \cdot (\beta - sin\,\beta) \quad\quad\quad (2.208)$$

$$\sigma_y = -\frac{p}{\pi} \cdot (\beta + sin\,\beta) \quad\quad\quad (2.209)$$

$$\tau_{xy} = 0 \quad\quad\quad\quad (2.210)$$

Wenn die Streifenlast nicht gleichmäßig verteilt ist, lassen sich für beliebige geradlinige andere Lastvertei-lungen in ähnlicher Weise andere Gleichungen ableiten. Die Ergebnisse für die hauptsächlich vorkommenden Lastvertei-lungen sind im Abschnitt 2.2 zusammengestellt.

Lösung

In der Tab. 2.1 sind die vertikalen Bodenpressungen für $0 \leqq x \leqq 8,0$ m und für $y = 2,0$ m bei einer gleichmäßigen Verteilung der Streifenlast nach der Gl. (2.205) berechnet. Die Ergebnisse sind in Abb. 2.16 graphisch ausgewertet.

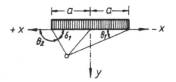

Tabelle 2.1a

	x	$tg\,\delta_1 = \frac{y}{a-x}$	δ_1	$\theta_2 = 180 - \delta_1$		$tg\,\theta_1 = \frac{y}{a+x}$	θ_1	
$a \geqq x$	m	----	Grad	Grad	Bogen	----	Grad	Bogen
	0	0,50	26,6	153,4	2,68	0,50	26,6	0,46
	2	1,00	45,0	135,0	2,36	0,33	18,3	0,32
	4	∞	90,0	90,0	1,57	0,25	14,1	0,25

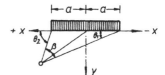

Tabelle 2.1b

	x	$tg\,\theta_2 = \frac{y}{x-a}$	θ_2		$tg\,\theta_1 = \frac{y}{a+x}$	θ_1	
$a < x$	m	----	Grad	Bogen	----	Grad	Bogen
	6	1,00	45,0	0,78	0,20	11,3	0,20
	8	0,50	26,6	0,46	0,167	9,5	0,17

Tabelle 2.1c

x	$\theta_2 - \theta_1$	$\theta_2 + \theta_1$	$sin\,(\theta_2 - \theta_1)$	$cos\,(\theta_2 + \theta_1)$	σ_y
m	Grad	Grad	-----	-----	t/m^2
0	126,8	180,0	0,801	- 1,000	- 9,62
2	116,7	153,3	0,893	- 0,893	- 9,04
4	75,9	104,1	0,970	- 0,244	- 4,96
6	33,7	56,3	0,555	+ 0,555	- 0,87
8	17,1	36,1	0,294	+ 0,808	- 0,17

Tabelle 2.1a bis 2.1c   Ermittlung der Bodenpressungen zur Aufgabe 19   (p = 5,0·2,0 = 10,0 t/m^2).

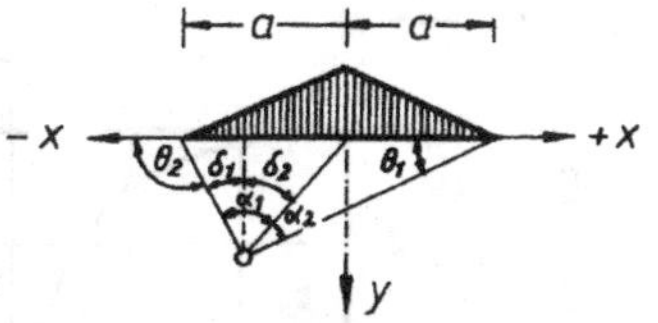

Tabelle 2.2a

	x	$a-x$	$tg\,\delta_1 = \frac{a-x}{y}$	δ_1	$tg\,\delta_2 = \frac{x}{y}$	δ_2	$\alpha_1 = \delta_1 + \delta_2$	
	m	m	----	Grad	----	Grad	Grad	Bogen
$a \geq x$	0	4,0	2,0	63,5	0	0	63,5	1,11
	2	2,0	1,0	45,0	1,0	45,0	90,0	1,57
	4	0	0	0	2,0	63,5	63,5	1,11

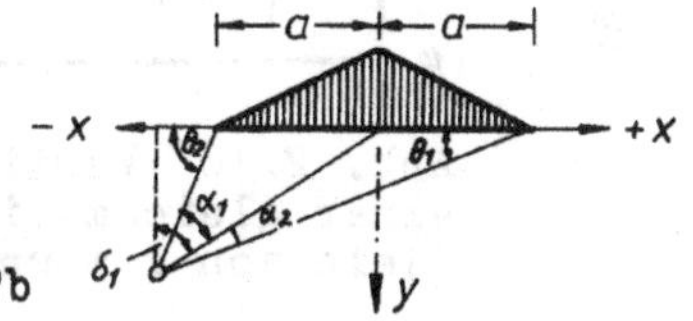

Tabelle 2.2b

	x	$x-a$	$tg\,\delta_1 = \frac{x-a}{y}$	δ_1	$tg\,\delta_2 = \frac{x}{y}$	δ_2	$\alpha_1 = \delta_2 - \delta_1$	
	m	m	----	Grad	----	Grad	Grad	Bogen
$a < x$	6	2,0	1,0	45,0	3,0	71,6	26,6	0,46
	8	4,0	2,0	63,5	4,0	75,9	12,4	0,22

Tabelle 2.2c

x	θ_1		θ_2		$\alpha_2 = \theta_2 - \theta_1 - \alpha_1$		$a\cdot(\alpha_1+\alpha_2)$	$x\cdot(\alpha_1-\alpha_2)$*	σ_y
m	Grad	Bogen	Grad	Bogen	Grad	Bogen	m	m	t/m²
0	26,6	0,46	153,4	2,68	63,3	1,11	8,89	0	-5,66
2	18,3	0,32	135,0	2,36	26,7	0,47	8,16	2,20	-3,80
4	14,1	0,25	90,0	1,57	12,4	0,21	5,28	3,60	-1,07
6	11,3	0,20	45,0	0,78	7,1	0,12	2,32	2,04	-0,18
8	9,5	0,17	26,6	0,46	4,7	0,07	1,16	1,20	-0,00

Tabelle 2.2a bis 2.2c Ermittlung der Bodenpressungen zur Aufgabe 19 ($p/\pi \cdot a = 0{,}637$ t/m²).

*Betrachtet man die links der y-Achse liegende Hälfte des Halbraumes, so ist x gleich negativ.

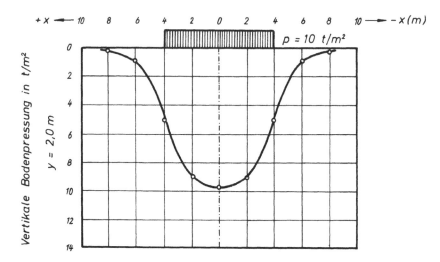

Abb. 2.16 Vertikale Bodenpressungen unter einer gleichmäßigen Streifenlast in einer Tiefe von 2 m unter der Geländeoberfläche.

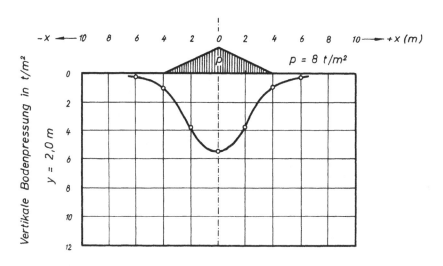

Abb. 2.17 Vertikale Bodenpressungen unter einer Streifenlast mit dreieckförmiger Verteilung in einer Tiefe von 2 m unter der Geländeoberfläche.

In der Tab. 2.2 sind die vertikalen Bodenpressungen für $0 \leqq x \leqq 8,0$ m und $y = 2,0$ m bei einer Verteilung der Streifenlast in Form eines gleichschenkligen Dreiecks nach der Abb. 2.41 und den zugehörigen Gleichungen berechnet. Die Ergebnisse sind in der Abb. 2.17 graphisch ausgewertet.

Aufgabe 20 Vertikale Bodenpressung unter einem Streifenfundament, das unterhalb der Geländeoberfläche gegründet ist

Abb. 2.18 zeigt ein Streifenfundament, dessen Gründungssohle 2 m unter der Geländeoberfläche liegt.

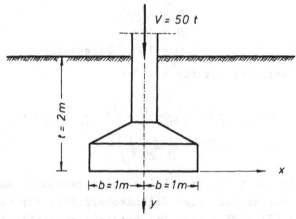

Abb. 2.18   Querschnitt durch ein tiefliegendes Streifenfundament.

Der Boden ist homogen, isotrop und querdehnungsfrei (m = ∞).

Wie groß ist die vertikale Bodenpressung in der Symmetrieachse des Fundamentes in einer Tiefe von y = 4 m unter der Gründungssohle?

Grundlagen

In allen bisher behandelten Aufgaben wirkte die angenommene Belastung auf der horizontalen Geländeoberfläche. Wenn die Belastung in einer Tiefe t unterhalb der Gelände-

oberfläche angreift, werden die vertikalen Bodenpressungen
verringert. Für eine Linienlast hat MELAN (1918) das Problem mit folgender Spannungsfunktion gelöst (Abb. 2.19):

$$F = \frac{p}{\pi} \cdot \left[\frac{x}{2} \cdot \left(arc\, tg\, \frac{x}{2} - arc\, tg\, \frac{x}{y+2t} \right) - \right.$$

$$\left. - \frac{m-1}{4m} \cdot \frac{y}{2} \cdot \ln \frac{x^2 + y^2}{x^2 + (y+2t)^2} - \frac{m+1}{2m} \cdot \frac{t \cdot (y+t) \cdot (y+2t)}{x^2 + (y+2t)^2} \right] \qquad (2.211)$$

Die vertikale Bodenpressung beträgt in diesem Fall:

$$\sigma_y = - \frac{p}{\pi \cdot y} \left\{ \frac{1}{(1+\alpha^2)^2} + \frac{(1+2\beta)^3}{[(1+2\beta)^2 + \alpha^2]^2} - \frac{m-1}{4m} \cdot \left[\frac{1-\alpha^2}{(1+\alpha^2)^2} - \right. \right.$$

$$\left. \left. - \frac{[(1+2\beta)^2 - \alpha^2]}{[(1+2\beta)^2 + \alpha^2]^2} \right] + \frac{m+1}{4m} \cdot \beta \cdot (1+2\beta) \cdot \frac{(1+2\beta)^2 - 3\alpha^2}{[(1+2\beta)^2 + \alpha^2]^3} \right\} \qquad (2.212)$$

$$\alpha = x/y \qquad (2.213)$$
$$\beta = t/y \qquad (2.214)$$
$$m = 1/\mu \qquad \text{Poissonzahl}$$

In der Lastachse ist für x = 0:

$$\sigma_{y_0} = - \frac{p}{\pi \cdot y} \cdot \left\{ 1 + \frac{1}{1+2\beta} - \frac{m-1}{4m} \cdot \left[1 - \frac{1}{(1+2\beta)^2} \right] + \right.$$

$$\left. + \frac{m+1}{4m} \cdot \frac{\beta \cdot (1+\beta)}{(1+2\beta)^3} \right\} \qquad (2.215)$$

Abb. 2.46 zeigt die vertikalen Bodenpressungen auf einer
Parallelen zur horizontalen Geländeoberfläche für den Fall
$\beta = t/y = 1$ (JELINEK 1951). Die beiden dargestellten Kurven
gelten für raumbeständiges Material (m = 2) und querdehnungsfreies Material (m = ∞).

Aus der Lösung für Linienlasten können die vertikalen
Bodenpressungen für Streifenlasten in der Symmetrieachse
für eine Tiefe t unter der Geländeoberfläche durch zweifache Integration bestimmt werden (Abb. 2.20):

$$\sigma_y = - \frac{p}{\pi} \cdot \left\{ \frac{b \cdot y_1}{y_1^2 + b^2} + arc\, tg\, \frac{b}{y_1} + \frac{b \cdot y_2}{y_2^2 + b^2} + arc\, tg\, \frac{b}{y_2} - \right.$$

$$\left. - \frac{m-1}{2m} \cdot y_1 \cdot \left[\frac{b}{y_1^2 + b^2} - \frac{b}{y_2^2 + b^2} \right] + \frac{m+1}{2m} \cdot \frac{y_1 \cdot t \cdot 2 \cdot b \cdot (y_2 + t)}{(y_2^2 + b^2)^2} \right\} \qquad (2.216)$$

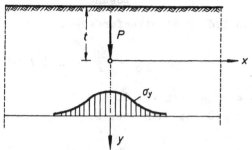

Abb. 2.19 Linienlast in einer Tiefe t unter der
           Geländeoberfläche.

In Abb. 2.47 sind für:

$$x = 0, \qquad 0 \leqq \sigma_y/p \leqq 1,0, \qquad 0 \leqq y/b \leqq 5$$

für verschiedene Verhältnisse t/b die funktionalen Zusam-
menhänge nach der Gl. (2.216) berechnet und zeichnerisch
ausgewertet worden. Die Abb. 2.47 gestattet somit eine
schnelle Bestimmung der vertikalen Bodenpressungen in der
Symmetrieachse eines Streifenfundamentes unterhalb der
Geländeoberfläche.

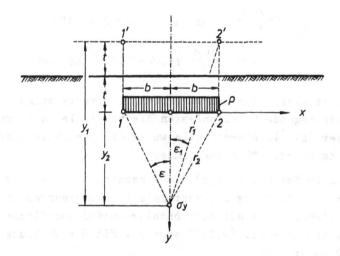

Abb. 2.20 Streifenbelastung in einer Tiefe t unter
           der Geländeoberfläche.

Lösung

Für einen lfd. m Streifenfundament ist:

$$p = \frac{V}{2 \cdot b} = \frac{50}{2} = 25,0 \ t/m^2$$

Für y = 4 m ist y/b = 1,0.

Mit t/b = 2,0 ist nach Abb. 2.47:

$$\frac{\sigma_y}{p} = 0,20$$

Somit ist:

$$\sigma_y = -\ 0,20 \cdot 25,0 = -\ 5,0 \ t/m^2$$

Ergebnisse

Wenn die Streifenlast an der Geländeoberfläche angreifen würde, wäre nach Gl. (2.209):

$$\sigma_y = -\ \frac{p}{\pi} \cdot (\beta + \sin \beta)$$

$$\beta = \theta_2 - \theta_1 \ ; \quad \theta_1 = 76^\circ \ ; \quad \theta_2 = 180^\circ - 76^\circ = 104^\circ \ ; \quad \beta = 104^\circ - 76^\circ = 28^\circ$$

$$\frac{\pi \cdot \beta}{180} = \frac{3,14 \cdot 28}{180} = 0,49 \ ; \quad \sin \beta = 0,469$$

$$\sigma_y = -\ \frac{25,0}{3,14} \cdot (0,49 + 0,47) = -\ 7,6 \ t/m^2$$

Der Vergleich der beiden errechneten Werte zeigt, daß für tiefliegende Streifenlasten die vertikale Bodenpressung geringer ist. In diesem Falle wurde die vertikale Bodenpressung um etwa 30 % abgemindert.

Wenn in der Gl. (2.216) t = 0 gesetzt wird, so muß sich wieder die Gleichung für vertikale Bodenpressungen unter einer Streifenlast auf horizontaler Geländeoberfläche bei x = 0, also die Gl. (2.209) ergeben. Mit $\beta = 2\varepsilon$ lautet die Gl. (2.209):

$$\sigma_y = -\ \frac{p}{\pi} \cdot (2\varepsilon + \sin 2\varepsilon) \tag{2.217}$$

Setzt man in der Gl. (2.216) für t = 0, so ist $y_1 = y_2 = y$.

Man erhält also:

$$\sigma_y = -\frac{p}{\pi}\cdot\left(\frac{2\cdot b\cdot y}{y^2+b^2}+2\varepsilon\right) = -\frac{p}{\pi}\cdot\left(\frac{2\cdot b\cdot y}{r^2}+2\varepsilon\right) \qquad (2.218)$$

Mit der Beziehung: $sin\,2\varepsilon = 2\cdot sin\,\varepsilon\cdot cos\,\varepsilon$
und mit $sin\,\varepsilon = b/r$, $cos\,\varepsilon = y/r$ ist:

$$\frac{2\cdot b\cdot y}{r^2} = sin\,2\varepsilon \qquad (2.219)$$

Die Gl. (2.219) in die Gl. (2.218) eingesetzt, zeigt, daß sie mit der Gl. (2.209) exakt übereinstimmt.

Aufgabe 21   Räumliche Spannungsverteilung in ideal-elastischen Böden unter Einzellasten

An einer horizontalen Geländeoberfläche greift eine punktförmige Last von P = 100 t an.

Wie groß ist die lotrechte Normalspannung auf einem Kreis in einer Tiefe von z = 2 m unter der Geländeoberfläche, dessen Mittelpunkt in der Achse der Einzellast liegt und der einen Radius von r = 3 m hat?

Wie groß ist die lotrechte Normalspannung in einer Tiefe von z_1 = 2 m unter dem Kraftangriffspunkt, wenn die Einzellast in t = 2 m Tiefe unter der Geländeoberfläche angreift?

Für die Poissonzahl ist m = 2 einzusetzen.

Grundlagen

In der Aufgabe 16 wurde gezeigt, daß ebene Elastizitätsprobleme auf die Lösung einer biharmonischen Differentialgleichung 4. Ordnung zurückgeführt werden können, indem die Spannungsfunktion F eingeführt wurde.

Ebene Elastizitätsprobleme lassen sich aber auch lösen, wenn anstelle der Spannungsfunktion F Verschiebungsfunktionen F_0, F_1, F_2 und F_3 eingeführt werden. Dieser Weg wird eingeschlagen, um die räumliche Spannungsverteilung unter

einer Einzellast an der Geländeoberfläche auf einem idealelastischen Boden zu bestimmen. Die Gl. (2.42) bis (2.44)
lassen sich so umformen, daß die Normalspannungen σ_x , σ_y und
σ_z als Funktionen der Verzerrungen ε_x , ε_y und ε_z ausgedrückt
werden. Es ist:

$$\sigma_x = \frac{\mu \cdot E}{(1+\mu)\cdot(1-2\mu)} \cdot (\varepsilon_x + \varepsilon_y + \varepsilon_z) + \frac{E}{1+\mu} \cdot \varepsilon_x \qquad (2.220)$$

$$\sigma_y = \frac{\mu \cdot E}{(1+\mu)\cdot(1-2\mu)} \cdot (\varepsilon_x + \varepsilon_y + \varepsilon_z) + \frac{E}{1+\mu} \cdot \varepsilon_y \qquad (2.221)$$

$$\sigma_z = \frac{\mu \cdot E}{(1+\mu)\cdot(1-2\mu)} \cdot (\varepsilon_x + \varepsilon_y + \varepsilon_z) + \frac{E}{1+\mu} \cdot \varepsilon_z \qquad (2.222)$$

Setzt man für:

$$e = \varepsilon_x + \varepsilon_y + \varepsilon_z \qquad \text{(kubische Dehnung)} \qquad (2.223)$$

$$\lambda = \frac{\mu \cdot E}{(1+\mu)\cdot(1-2\mu)} \qquad \text{(Lameziffer)} \qquad (2.224)$$

$$G = \frac{E}{2\cdot(1+\mu)} \qquad \text{(Schubmodul)} \qquad (2.225)$$

so erhält man:

$$\sigma_x = \lambda \cdot e + 2 \cdot G \cdot \varepsilon_x \qquad (2.226)$$

$$\sigma_y = \lambda \cdot e + 2 \cdot G \cdot \varepsilon_y \qquad (2.227)$$

$$\sigma_z = \lambda \cdot e + 2 \cdot G \cdot \varepsilon_z \qquad (2.228)$$

Die Gl. (2.226) bis (2.228) und (2.59) in die Gleichgewichtsbedingungen (2.3) bis (2.5) eingesetzt, ergibt eine
andere Darstellung der Gleichgewichtsbedingungen als
Funktion der Verschiebungen u, v und w, die als elastische
Grundgleichungen bezeichnet werden:

$$(\lambda + G) \cdot \frac{\partial e}{\partial x} + G \cdot \varDelta \cdot u + X = 0 \qquad (2.229)$$

$$(\lambda + G) \cdot \frac{\partial e}{\partial y} + G \cdot \varDelta \cdot v + Y = 0 \qquad (2.230)$$

$$(\lambda + G) \cdot \frac{\partial e}{\partial z} + G \cdot \varDelta \cdot w + Z = 0 \qquad (2.231)$$

$$\varDelta = \frac{\partial^2}{\partial x^2} + \frac{\partial^2}{\partial y^2} + \frac{\partial^2}{\partial z^2} \qquad \text{(Laplacescher Operator)}$$

Definiert man als Verschiebungsfunktion:

$$u = F_1 - \frac{1}{4 \cdot (1-\mu)} \cdot \frac{\partial}{\partial x} (F_0 + x \cdot F_1 + y \cdot F_2 + z \cdot F_3) \qquad (2.232)$$

$$v = F_2 - \frac{1}{4 \cdot (1-\mu)} \cdot \frac{\partial}{\partial y} (F_0 + x \cdot F_1 + y \cdot F_2 + z \cdot F_3) \qquad (2.233)$$

$$w = F_3 - \frac{1}{4 \cdot (1-\mu)} \cdot \frac{\partial}{\partial z} (F_0 + x \cdot F_1 + y \cdot F_2 + z \cdot F_3), \qquad (2.234)$$

so kann man zeigen, daß diese Verschiebungsfunktionen die elastischen Grundgleichungen (2.229) bis (2.231) erfüllen.

Setzt man für:

$$F_0 = - \frac{2 \cdot (1-2\mu) \cdot (1-\mu)}{G} \cdot F$$

$$F_1 = F_2 = 0$$

$$F_3 = - \frac{2 \cdot (1-\mu)}{G} \cdot \frac{\partial F}{\partial z}$$

so erhält man aus den Gl. (2.232) bis (2.234):

$$2 \cdot G \cdot u = z \cdot \frac{\partial^2 F}{\partial x \partial z} + (1-2\mu) \cdot \frac{\partial F}{\partial x} \qquad (2.235)$$

$$2 \cdot G \cdot v = z \cdot \frac{\partial^2 F}{\partial y \partial z} + (1-2\mu) \cdot \frac{\partial F}{\partial y} \qquad (2.236)$$

$$2 \cdot G \cdot w = z \cdot \frac{\partial^2 F}{\partial z^2} - 2 (1-\mu) \cdot \frac{\partial F}{\partial z} \qquad (2.237)$$

Die Gl. (2.235) bis (2.237) in die Gl. (2.220) bis (2.222) eingesetzt, ergibt die Beziehungen zwischen den Spannungen und Verschiebungen:

$$\sigma_x = z \cdot \frac{\partial^3 F}{\partial x^2 \partial z} + \frac{\partial^2 F}{\partial x^2} + 2 \cdot \mu \cdot \frac{\partial^2 F}{\partial y^2} \qquad (2.238)$$

$$\sigma_z = z \cdot \frac{\partial^3 F}{\partial z^3} - \frac{\partial^2 F}{\partial z^2} \qquad (2.239)$$

$$\tau_{xy} = z \cdot \frac{\partial^3 F}{\partial x \partial y \partial z} + (1-2\mu) \cdot \frac{\partial^2 F}{\partial x \partial y} \qquad (2.240)$$

$$\tau_{zx} = z \cdot \frac{\partial^3 F}{\partial x \partial z^2} \qquad (2.241)$$

Für eine Einzellast ist es wegen der axialen Symmetrie

vorteilhaft, mit Zylinderkoordinaten zu arbeiten (Abb. 2.21).
Bei axialer Symmetrie wirken nur die Normalspannungen σ_t, σ_z
und σ_r und die Scherspannung τ_{rz}.

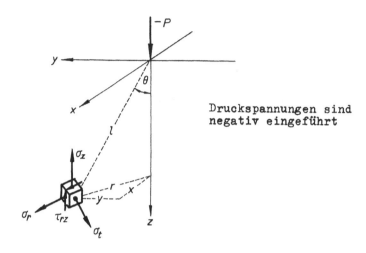

Druckspannungen sind
negativ eingeführt

Abb. 2.21 Spannungen in einem Punkt innerhalb des
unendlichen Halbraumes in Zylinderkoordinaten.

Setzt man $F = C \ln(z + 1)$ und:

$$1^2 = x^2 + y^2 + z^2, \qquad r^2 = x^2 + y^2,$$

so ist:

$$\frac{\partial F}{\partial z} = \frac{C}{(z+l)} \cdot \left(1 + \frac{z}{l}\right) = \frac{C}{l}$$

$$\frac{\partial^2 F}{\partial z^2} = -\frac{C \cdot z}{l^3}$$

$$\frac{\partial^3 F}{\partial z^3} = -\frac{C}{l^3} + \frac{3 \cdot C \cdot z}{l^4} \cdot \frac{z}{l} = -\frac{C}{l^5} \cdot (l^2 - 3 \cdot z^2)$$

Diese Ableitungen in die Gl. (2.239) eingesetzt, ergibt:

$$\sigma_z = -\frac{C \cdot z}{l^5} \cdot (l^2 - 3 \cdot z^2) + \frac{C \cdot z}{l^3} = \frac{3 \cdot C \cdot z^3}{l^5} \qquad (2.242)$$

Die Konstante C kann aus der Bedingung bestimmt werden,
daß die Summe aller Kräfte auf einer beliebigen horizontalen
Ebene in der Tiefe z die gleiche Größe haben muß wie die
Einzellast P.

Es ist also:

$$\iint \sigma_z \cdot dA = \frac{3 \cdot C \cdot z^3}{2} \int\limits_0^{2\pi}\int\limits_0^\infty (r^2+z^2)^{-5/2} \cdot 2 \cdot r \cdot d\theta \cdot dr = 2 \cdot \pi \cdot C = -P$$

$$C = - \frac{P}{2 \cdot \pi} \tag{2.243}$$

Die Gl. (2.243) in die Gl. (2.242) eingesetzt, ergibt:

$$\sigma_z = - \frac{P}{2 \cdot \pi} \cdot \frac{3 \cdot r^2}{(r^2+z^2)^{5/2}} = - \frac{P}{2 \cdot \pi \cdot z^2} \cdot (3 \cdot \cos^5 \theta) \tag{2.244}$$

Für die anderen Normalspannungen und Scherspannungen erhält man (BOUSSINESQ 1885, PÖSCHL 1927, WU 1966):

$$\sigma_r = - \frac{P}{2 \cdot \pi} \left[\frac{3 \cdot r^2}{(r^2+z^2)^{5/2}} - \frac{1-2\mu}{r^2+z^2+z \cdot (r^2+z^2)^{1/2}} \right] =$$

$$= - \frac{P}{2 \cdot \pi \cdot z^2} \cdot \left[3 \cdot \sin^2 \theta \cdot \cos^3 \theta - \frac{(1-2\mu)\cos^2 \theta}{1+\cos \theta} \right] \tag{2.245}$$

$$\sigma_t = - \frac{P}{2 \cdot \pi} \cdot (1-2\mu) \cdot \left[\frac{z}{(r^2+z^2)^{3/2}} - \frac{1}{r^2+z^2 \cdot (r^2+z^2)^{1/2}} \right] =$$

$$= + \frac{P}{2 \cdot \pi \cdot z^2} \cdot (1-2\mu) \cdot \left[\cos^3 \theta - \frac{\cos^2 \theta}{1+\cos \theta} \right] \tag{2.246}$$

$$\tau_{rz} = - \frac{P}{2 \cdot \pi} \cdot \frac{3 \cdot r \cdot z^2}{(r^2+z^2)^{5/2}} = - \frac{P}{2 \cdot \pi \cdot z^2} \cdot (3 \cdot \sin \theta \cdot \cos^4 \theta) \tag{2.247}$$

Für die lotrechten Normalspannungen unter einer Einzel-last auf der Geländeoberfläche gibt BOUSSINESQ die Einfluß-werte N_B, die in der Tab. 2.3 zusammengestellt sind. Es ist:

$$N_B = \frac{3/2\pi}{\left[1 + (r/z)^2 \right]^{5/2}} \tag{2.248}$$

und:

$$\sigma_z = - \frac{P}{z^2} \cdot N_B \qquad (t/m^2) \tag{2.249}$$

Wenn die Einzellast in einer Tiefe t unter der Gelände-oberfläche angreift (Abb. 2.22), so lassen sich die lot-rechten Normalspannungen nach der Gl. (2.250) bestimmen.

$$\sigma_z = - \frac{m}{m-1} \cdot \frac{3 \cdot P}{4 \cdot \pi} \cdot \left[\frac{m-2}{6m} \cdot z_1 \cdot \left(\frac{1}{r_1^3} - \frac{1}{r_2^3} \right) + \frac{z_1^3}{2 \cdot r_1^5} + \right.$$

$$\left. + \left(\frac{3m-4}{2m} \cdot z_2 - \frac{m-2}{m} \cdot t \right) \cdot \frac{z_2^2}{r_2^5} - t \cdot z_2 \cdot (z_2 - t) \cdot \frac{3r^2 - 2z^2}{r_2^7} \right] \tag{2.250}$$

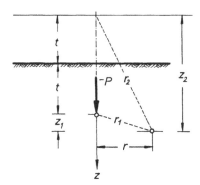

Abb. 2.22   Einzellast im Innern des unendlichen
Halbraumes.

Nach Tab. 2.3 ist mit $r/z = 1,5$:

$$N_B = 0,0251$$

und die lotrechte Normalspannung ist in $z = 2$ m Tiefe unter
der Geländeoberfläche:

$$\sigma_z = -\frac{100}{4} \cdot 0,0251 = -0,63 \quad t/m^2$$

Wenn die Kraft P in $t = 2$ m Tiefe unter der Geländeoberfläche angreift, ist nach Gl. (2.250):

$$\sigma_z = -0,86 \quad t/m^2$$

Ergebnisse

Die Rechenergebnisse zeigen, daß der Einfluß der Tiefe
beträchtlich ist und nicht vernachlässigt werden darf. Für
die lotrechte Normalspannung in der Vertikalen unter dem
Kraftangriffspunkt läßt sich unmittelbar zeigen, daß sie
für Einzellasten an der Geländeoberfläche stets größer sein
muß als für Einzellasten innerhalb des unendlichen Halbraumes. Aus der Gl. (2.250) erhält man mit $m = 2$ und $r = 0$:

$$\sigma_z = -\frac{3}{2} \cdot \frac{P}{\pi} \cdot \left[\frac{1}{z_1^2} - \frac{2 \cdot t \cdot (t + z_1)}{z_2^4} \right] \qquad (2.251)$$

Aus der Gl. (2.249) erhält man für r = 0:

$$\sigma_Z = -\frac{3}{2} \cdot \frac{P}{\pi} \cdot \frac{1}{z^2} \qquad (2.252)$$

Wenn t = 0 ist, sind die beiden Gleichungen identisch.
Wenn t $\neq$ 0 ist, sind für Einzellasten innerhalb des unend-
lichen Halbraumes die lotrechten Bodenspannungen in einer
Tiefe z_1 unter dem Kraftangriffspunkt um:

$$\Delta\sigma_Z = \frac{3 \cdot P}{\pi} \cdot \frac{t}{z_2^4} \cdot (t + z_1) \qquad (t/m^2)$$

kleiner als die lotrechten Bodenspannungen σ_Z in einer Tiefe
z = z_1 unter dem Kraftangriffspunkt auf der Geländeoberfläche.

Aufgabe 22   Räumliche Spannungsverteilung in ideal-
elastischen Böden unter kreisförmigen gleichmäßigen
Flächenlasten

Ein kreisförmiges Fundament wird durch eine gleichmäßige
Flächenlast von q_0 = 4,0 kg/cm² belastet. Der Radius des
Fundamentes ist R = 4 m. Der Boden hat eine Poissonzahl von
m = 3. Er ist homogen und isotrop.

Wie groß ist die lotrechte Normalspannung in einer Tiefe
von z = 1 m unter der Gründungssohle in der Achse des Fundamentes, wenn:

a) die Gründungssohle an der Geländeoberfläche liegt,
b) die Gründungssohle in einer Tiefe von t = 3 m unter
der Geländeoberfläche liegt?

Grundlagen

Wirkt auf den unendlichen Halbraum eine Flächenlast, so
lassen sich die lotrechten Normalspannungen σ_Z näherungsweise bestimmen, indem die Belastung auf infinitesimale
Flächenelemente dF wirkend angenommen wird. Dann ist:

$$dQ = q \cdot dF \qquad (2.253)$$

Aus der Gl. (2.244) erhält man mit der Gl. (2.253):

$$d\sigma_z = - \frac{dQ}{2\cdot\pi} \cdot \frac{3\cdot z^2}{(r^2+z^2)^{5/2}} = - \frac{q}{2\cdot\pi} \cdot \frac{3\cdot z^2}{(r^2+z^2)^{5/2}} \cdot dF \qquad (2.254)$$

Die lotrechte Normalspannung findet man durch Integration der Gl. (2.254) über die gesamte Fläche F.

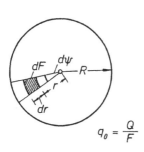

Diese Integration bietet schon bei einfachen Belastungsflächen große Schwierigkeiten. Ein geschlossener Ausdruck für die lotrechte Normalspannung in einem beliebigen Punkt unter einer beliebigen Fläche läßt sich nicht ableiten.

$$q_0 = \frac{Q}{F}$$

Abb. 2.23 Bezeichnungen.

Für die vertikale Achse einer kreisförmigen Belastungsfläche hingegen läßt sich eine einfache Gleichung angeben. Mit:

$$dF = r\cdot d\psi \cdot dr \qquad (\text{Abb. 2.23})(2.255)$$

$$0 \leqq \psi \leqq 2\cdot\pi$$

$$0 \leqq r \leqq R$$

erhält man für eine kreisförmige gleichmäßige Flächenlast:

$$\sigma_z = - \frac{3\cdot q_0}{2\cdot\pi} \cdot \int_0^{2\pi}\int_0^R \frac{z^3}{(r^2+z^2)^{5/2}} \cdot r \cdot d\psi \cdot dr$$

$$\sigma_z = - q_0\cdot\left[1 - \frac{z^3}{(R^2+z^2)^{3/2}}\right] = -q_0\cdot(1-\cos^3\theta) = -q_0\cdot I \qquad (2.256)$$

Auf ähnliche Weise findet man:

$$\sigma_r = - \frac{q_0}{2}\left[1 + 2\mu - \frac{2\cdot(1+\mu)\cdot z}{(R^2+z^2)^{1/2}} + \frac{z^3}{(R^2+z^2)^{3/2}}\right] \quad (2.257)$$

Für parabolisch verteilte kreisförmige Flächenlasten mit $q_{max} = 2\ q_0$ (Abb. 2.24) ist:

$$\sigma_z = - 2\cdot q_0\cdot\left[1 - 2\cdot ctg^2\theta \cdot (1-\cos\theta)\right] \qquad (2.258)$$

Für dreieckig verteilte kreisförmige Flächenlasten mit
$q_{max} = 3\ q_0$ (Abb. 2.24) ist:

$$\sigma_z = -\ 3 \cdot q_0 \cdot (\ 1\ -\ \cos\theta\ ) \qquad (2.259)$$

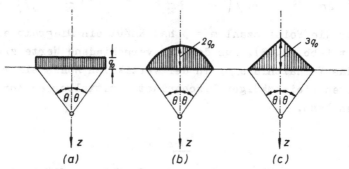

Abb. 2.24   Kreisförmige Belastungsflächen.

    a)   gleichmäßige Lastverteilung
    b)   parabolische Lastverteilung
    c)   dreieckige Lastverteilung

$$Q = q_0 \cdot R^2 \cdot \pi \qquad\qquad q_0 = Q/F$$

Der Einflußwert I der Gl. (2.256) kann für verschiedene
Verhältnisse R/z unmittelbar der Tab. 2.4 entnommen werden.

In den Tab. 2.5 und 2.6 sind außerdem auch die Einflußwerte I für die lotrechte Normalspannung σ_z unter dem Viertelspunkt ($x_1 = R/2$) und dem Randpunkt ($x_2 = R$, Abb.2.25)
eines kreisförmigen Fundamentes mit gleichmäßiger Belastung
angegeben.

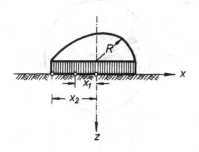

Abb. 2.25 Bezeichnungen.

Wenn die Gründungstiefe berücksichtigt werden muß,
lassen sich die lotrechten
Normalspannungen σ_z in der
Achse der kreisförmigen Flä-
chenbelastung durch zweifache
Integration der Gl. (2.250)
über die Fläche F gewinnen
(KEZDI 1952/1958).

Es ist:

$$\sigma_z = -\frac{m}{m-1} \cdot \frac{3 \cdot q}{2} \cdot \left[\frac{m-2}{6m} \cdot z_1 \cdot \left(\frac{1}{r_{02}} - \frac{1}{r_{01}} - \frac{1}{z_2} + \frac{1}{z_1} \right) + \frac{1}{6} - \frac{z_1^3}{6 \cdot r_{01}^3} + \right.$$

$$\left. + \left(\frac{3m-4}{2m} \cdot z_2 - t \cdot \frac{m-2}{m} \right) \cdot \left(\frac{1}{3 \cdot z_2} - \frac{z_2^2}{3 \cdot r_{02}^2} \right) - t \cdot z \cdot (z-t) \cdot \left(\frac{z_2^2}{r_{02}^5} - \frac{1}{r_{02}^3} \right) \right] \quad (2.260)$$

Für die Poissonzahl m = 3 hat KEZDI ein Diagramm aufgestellt (Abb. 2.48), aus dem für verschiedene Werte z/R und
t/R das Verhältnis σ_z/q in der vertikalen Achse einer kreisförmigen gleichmäßigen Flächenlast unmittelbar entnommen
werden kann.

Lösung

Für die Gründungssohle an der Geländeoberfläche ist nach
Tab. 2.4 mit R/z = 4,0 :

$$I = 0,98573$$

Somit ist nach Gl. (2.256):

$$\sigma_z = -4,0 \cdot 0,98573 = -3,94 \quad kg/cm^2$$

Für die Gründungssohle in einer Tiefe von t = 3 m unter
der Geländeoberfläche ist nach Abb. 2.48 mit t/R = 0,75 und
z/R = 0,25 :

$$\sigma_z = -4,0 \cdot 0,65 = -2,60 \quad kg/cm^2$$

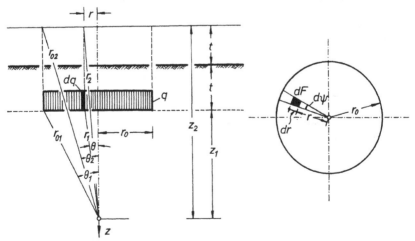

Abb. 2.26 Tiefliegende kreisförmige gleichmäßige
Flächenlast.

Aufgabe 23 Räumliche Spannungsverteilung in ideal-elastischen Böden unter rechteckigen gleichmäßigen Flächenlasten

Abb. 2.27 zeigt eine rechteckige gleichmäßige Flächenlast auf der Geländeoberfläche mit $q = 3,0$ kg/cm². Der Untergrund ist homogen und isotrop.

Wie groß ist in einer Tiefe von $z = 2$ m unter der Geländeoberfläche die lotrechte Normalspannung unter den Punkten P_1 und P_2 ?

Grundlagen

Für gleichmäßige Belastungen auf der Geländeoberfläche in Form eines Rechteckes hat NEWMARK (1935) folgende Gleichung zur Berechnung der lotrechten Normalspannungen angegeben:

$$\sigma_z = -\frac{q}{4\cdot\pi}\cdot\left[\frac{2\cdot \ln\sqrt{l^2+n^2+1}}{l^2+n^2+1+l^2\cdot n^2}\cdot\frac{l^2+n^2+2}{l^2+n^2+1}\right.$$

$$\left. + \text{ arc sin } \frac{2\cdot \ln\sqrt{l^2+n^2+1}}{l^2+n^2+1+l^2\cdot n^2}\right] \quad (t/m^2) \quad (2.261)$$

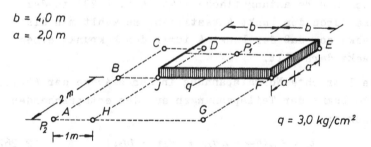

Abb. 2.27 Gleichmäßige Flächenlast in Form eines Rechtecks.

Die Gl. (2.261) gibt die lotrechte Normalspannung in der z-Achse durch den Eckpunkt P eines Rechtecks mit den Seitenlängen a_1 und b_1 an. Für das Rechteck mit den Seitenlängen $(a_1 + a_2)$ und $(b_1 + b_2)$ (Abb. 2.28) müssen die Teil-

spannungen unter dem Eckpunkt P der vier Rechtecke I bis IV
addiert werden.

Von NEWMARK stammen die Einflußwerte $-\sigma_z/q$ der Tab. 2.7,
die unmittelbar die Berechnung der lotrechten Normalspannungen in der z-Achse durch einen Eckpunkt eines rechteckigen, gleichmäßig belasteten Fundamentes gestatten.

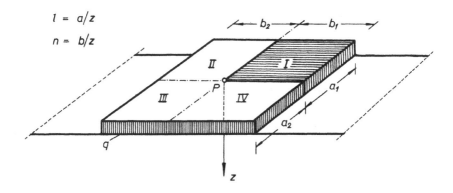

$$l = a/z$$
$$n = b/z$$

Abb. 2.28 Gleichmäßige Flächenlast in Form eines
Rechtecks.

Will man die lotrechte Normalspannung außerhalb einer
rechteckigen Belastungsfläche IFGD (Abb. 2.29) in der
z-Achse durch den Punkt A bestimmen, so wählt man die
Rechtecke so, daß der Punkt A immer den Eckpunkt eines
Rechtecks darstellt.

Die lotrechte Normalspannung in der z-Achse der Abb.2.29
ist die Summe der Teilspannungen aus den entsprechenden
Rechtecken:

$$\sigma_z = - \left(\Delta\sigma_{z1} - \Delta\sigma_{z2} + \Delta\sigma_{z3} - \Delta\sigma_{z4} \right) \qquad (2.262)$$

Wenn die Verhältnisse a/z und b/z unendlich groß werden,
so ergibt sich exakt nach Tab. 2.7:

$$\sigma_z = 4 \cdot q \cdot 0{,}25 = q$$

Lösung

Für eine Tiefe von z = 2,0 m unter dem Punkt P_1 ist:

$$b/z = 4/2 = 2 \qquad \text{und} \qquad a/z = 2/2 = 1.$$

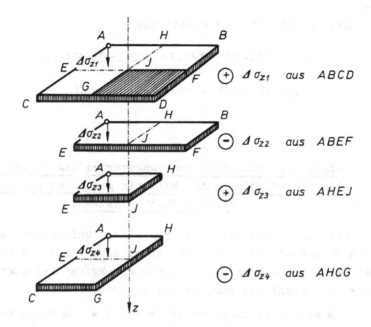

Abb. 2.29 Ermittlung der lotrechten Normalspannung
in der z-Achse durch den Punkt A außerhalb einer
rechteckigen gleichmäßigen Flächenlast.

Der Tab. 2.7 entnimmt man dafür:

$$\frac{\Delta\sigma_z}{q} = -0,19994 \;;\quad \Delta\sigma_z = -3,0\cdot0,2 = -0,6 \; kg/cm^2$$

Somit ist:

$$\sigma_z = -4\cdot0,6 = -2,4 \; kg/cm^2$$

Für eine Tiefe von z = 2,0 m unter dem Punkt P_2 ist mit
Abb. 2.29:

$(\Delta\sigma_{z1})$ Rechteck AGEC: $b/z = 9/2 = 4,5$ $a/z = 6/2 = 3,0$
$(\Delta\sigma_{z2})$ Rechteck AGFB: $b/z = 2/2 = 1,0$ $a/z = 9/2 = 4,5$
$(\Delta\sigma_{z3})$ Rechteck AHIB: $b/z = 2/2 = 1,0$ $a/z = 1/2 = 0,5$
$(\Delta\sigma_{z4})$ Rechteck AHCD: $b/z = 6/2 = 3,0$ $a/z = 1/2 = 0,5$

Der Tab. 2.7 entnimmt man:

$$\frac{\Delta\sigma_{z1}}{q} = 0,2457 \;;\qquad \frac{\Delta\sigma_{z2}}{q} = 0,2043 \;;$$

$$\frac{\Delta\sigma_{z3}}{q} = 0,1202 \;;\qquad \frac{\Delta\sigma_{z4}}{q} = 0,1368 \;.$$

Mit der Gl. (2.262) erhält man:

$$\sigma_z = - \ (\ 0{,}2457 \ - \ 0{,}2043 \ + \ 0{,}1202 - 0{,}1368)\cdot 3{,}0$$

$$\sigma_z = -0{,}0248\cdot 3{,}0 = -\ 0{,}074 \qquad kg/cm^2$$

Aufgabe 24   Räumliche Spannungsverteilung in idealelastischen Böden unter beliebig geformten gleichmäßigen Flächenlasten

Abb. 2.30 zeigt den Grundriß eines Fundamentes, dessen
Gründungssohle an der Geländeoberfläche liegt und das mit
einer gleichmäßigen Last von q = 4,0 kg/cm² belastet ist.
Der Untergrund ist homogen und isotrop.

Wie groß sind in einer Tiefe von z = 3 m unter der Geländeoberfläche:

a)   die lotrechte Normalspannung σ_z,
b)   die horizontalen Normalspannungen max σ_x und
     min σ_x ?

Grundlagen

NEWMARK (1942) hat Einflußtafeln aufgestellt, mit deren
Hilfe die Integration der Gl. (2.254) graphisch durchgeführt werden kann. Auf diese Weise ist es möglich, die vertikalen Normalspannungen σ_z auch für unregelmäßig geformte
gleichmäßige Flächenlasten anzugeben. Abb. 2.49 zeigt die
Einflußtafel für vertikale Normalspannungen σ_z und Abb. 2.50
die Einflußtafel für die maximalen horizontalen Normalspannungen σ_x oder σ_y .

Die Einflußtafeln setzen sich aus einer Anzahl von Einflußflächen zusammen. In den Abb. 2.49 und 2.50 ist jeweils
eine dieser Einflußflächen schraffiert dargestellt. Die
Einflußtafeln sind so konstruiert, daß eine gleichmäßige
Flächenlast q, die eine solche Einflußfläche bedeckt, in
der gesuchten Tiefe z unter dem Zentrum der Einflußtafel
die Spannung σ = 0,005 q hervorruft.

Will man für eine Tiefe z_1 die Spannung ermitteln, so muß die Lastfläche in dem Maßstab verkleinert werden, für den z_1 = AB wird. Der Abstand AB ist neben jeder Einfluß-

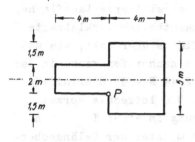

tafel angegeben. Die maßstäb-lich verkleinerte Lastfläche wird dann über die Einflußta-fel gelegt, und zwar so, daß der Punkt, unter dem die Spannung gesucht wird, mit dem Zentrum der Einflußtafel zusammenfällt (Abb. 2.31).

Abb. 2.30 Grundriß des Fundamentes der Aufgabe 24. Die Anzahl der Einflußflächen N, die von der maßstäblich ver-kleinerten Lastfläche bedeckt werden, kann dann abgezählt werden, und die Spannung ist:

$$\sigma = 0,005 \cdot N \cdot q \quad (kg/cm^2) \quad (2.263)$$

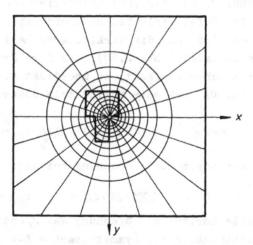

Abb. 2.31 Verfahren von NEWMARK (1942) zur Bestimmung der Bodenspannungen unter unregelmäßig geformten gleich-mäßigen Flächenlasten.

Lösung

Die Strecke AB in den Abb. 2.49 und 2.50 hat im Origi-nalmaßstab des Manuskriptes eine Länge von 17 mm, das ent-spricht nach dem Verfahren von NEWMARK einer Tiefe von z = 3 m. Also ist der Zeichenmaßstab:

$$1 : \frac{3000}{17} = 1 : 176,5$$

Abb. 2.32 zeigt die maßstäblich verkleinerte Lastfläche.

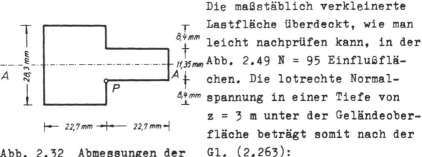

Die maßstäblich verkleinerte Lastfläche überdeckt, wie man leicht nachprüfen kann, in der Abb. 2.49 N = 95 Einflußflächen. Die lotrechte Normalspannung in einer Tiefe von z = 3 m unter der Geländeoberfläche beträgt somit nach der Gl. (2.263):

Abb. 2.32 Abmessungen der verkleinerten Lastfläche.

$$\sigma_z = 0,005 \cdot 95 \cdot 4,0 = 1,90 \ kg/cm^2$$

Positive Spannungen bedeuten bei diesem Verfahren Druckspannungen.

Legt man die verkleinerte Lastfläche so über die Einflußtafel (Abb. 2.50), daß ihre Symmetrieachse parallel zur y-Achse der Tafel verläuft, so überdeckt sie N = 24 Einflußflächen. Legt man die verkleinerte Lastfläche so über die Einflußtafel (Abb. 2.50), daß ihre Symmetrieachse parallel zur x-Achse verläuft, so überdeckt sie N = 37 Einflußflächen. Die maximale horizontale Spannung ist daher:

$$max \ \sigma_x = 0,005 \cdot 37 \cdot 4,0 = 0,74 \ kg/cm^2$$

Die minimale horizontale Spannung beträgt:

$$min \ \sigma_x = 0,005 \cdot 24 \cdot 4,0 = 0,48 \ kg/cm^2$$

Die maximale horizontale Spannung max σ_x entsteht auf der Ebene rechtwinklig zur Symmetrieachse A-A und die minimale horizontale Spannung min σ_x auf der Ebene parallel zur Symmetrieachse A-A.

Aufgabe 25   Spannungsverteilung in anisotropen
Böden unter Linienlasten und Einzellasten

In einem Sediment beträgt das Verhältnis des vertikalen
zum horizontalen Elastizitätsmodul:

$$\frac{E_2}{E_1} = \frac{1}{4}$$

Wie groß ist die lotrechte Normalspannung in einer Tiefe
von z = 2 m unter der Geländeoberfläche, wenn auf der Geländeoberfläche:

a)   eine Linienlast von p = 50 t/m wirkt und
b)   eine Einzellast von P = 50 t wirkt?

Grundlagen

Nicht alle Böden zeigen den idealen physikalischen Zustand gleichartigen elastischen Verhaltens in allen Koordinatenrichtungen, der mit Isotropie bezeichnet wird.

Wenn ein Boden vom isotropen Zustand abweicht, muß das
unbedingt auch Auswirkungen auf die Verteilung der Bodenspannungen haben.

Bei Böden lassen sich zwei Hauptarten von Anisotropie
feststellen:

a)   Unterschiedliches elastisches Verhalten in hori-
     zontaler und vertikaler Richtung,

b)   veränderliches elastisches Verhalten sowohl in
     horizontaler als auch in vertikaler Richtung mit
     zunehmender Tiefe.

Anisotropie der Art (a) findet man häufig in den Sedi-
menten und der Art (b) oft in Sandablagerungen. Für den
Fall (a) gibt BABKOW (1950) Gleichungen zur Bestimmung der
Bodenspannungen unter einer Linienlast an der Geländeoberfläche an (Abb. 2.33):

$$\sigma_z = -\frac{2 \cdot p}{\pi} + \frac{K \cdot z^3}{r^4} \qquad (2.264)$$

$$\sigma_x = - \frac{2 \cdot p}{\pi} \cdot \frac{K \cdot x^2 \cdot z}{r^4} \qquad (2.265)$$

$$\tau_{xz} = - \frac{2 \cdot p}{\pi} \cdot \frac{K \cdot x \cdot z^2}{r} \qquad (2.266)$$

$$K = \sqrt{E_2 / E_1} \qquad (2.267)$$

E_2 = Elastizitätsmodul in vertikaler Richtung
E_1 = Elastizitätsmodul in horizontaler Richtung

Für eine lotrechte Einzellast an der Geländeoberfläche lautet die Gleichung für lotrechte Normalspannungen:

$$\sigma_z = - \frac{P}{\pi} \cdot \frac{z^3 \cdot (1 + K + K^3)}{r^5 \cdot K \cdot (1 + K)} \qquad (2.268)$$

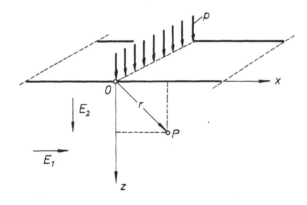

Abb. 2.33 Linienlast auf anisotropem Baugrund.

Lösung

Unter der Linienlast ist die lotrechte Normalspannung in einer Tiefe von z = 2 m unter der Geländeoberfläche nach der Gl. (2.264):

$$\sigma_z = - \frac{2 \cdot 50}{3,14} \cdot \frac{0,5}{2,0} = - 7,96 \quad t/m^2 \qquad (2.269)$$

Unter einer lotrechten Einzellast ist die lotrechte

Normalspannung in einer Tiefe von z = 2 m unter der Geländeoberfläche nach der Gl. (2.268):

$$\sigma_z = -\frac{50}{3,14} \cdot \frac{1}{4} \cdot \frac{(1 + 1/2 + 1/8)}{1/2 \cdot (1 + 1/2)} \qquad (2.270)$$

$$\sigma_z = -\frac{50}{3,14} \cdot \frac{1}{4} \cdot 2,17 = -8,64 \quad t/m^2 \qquad (2.271)$$

Aufgabe 26 Spannungsverteilung in anisotropen Böden unter rechteckförmigen gleichmäßigen Flächenlasten

Wie groß ist die lotrechte Normalspannung in einer
Tiefe von z = 3 m unter der Geländeoberfläche in der
Symmetrieachse einer rechteckigen gleichmäßigen Flächen-
last von p = 30 t/m², wenn die längere Rechteckseite
L = 4 m und die kürzere Rechteckseite B = 3 m ist?

Der Boden besteht aus Ton, der von vielen dicht aufein-
anderfolgenden horizontalen Sandschichten durchzogen ist,
die eine horizontale Verschiebung der Bodenpartikeln praktisch vollkommen verhindern. Der Boden ist somit als
querdehnungsfrei anzusehen.

Grundlagen

WESTERGAARD (1938) gibt für Böden, die in horizontaler
Richtung keine Verschiebung erleiden können, für lotrechte
Einzellasten und gleichmäßige Flächenlasten folgende
Gleichungen an:

Für lotrechte Einzellasten beträgt die lotrechte Normalspannung:

$$\sigma_z = -\frac{P}{z^2} \cdot \frac{\frac{1}{2 \cdot \pi} \cdot \sqrt{\frac{m-2}{2m-2}}}{\left[\frac{m+2}{2m-2} + \left(\frac{r}{z}\right)^2\right]^{3/2}} \qquad (2.272)$$

Für die Poissonzahl $m = \infty$ erhält man:

$$\sigma_z = -\frac{P}{z^2} \cdot \frac{1/\pi}{\left[\,1 - 2\cdot(r\,z)^2\,\right]^{2/3}} \qquad (2.273)$$

Unter dem Eckpunkt einer rechteckigen gleichmäßigen Flächenlast beträgt die lotrechte Normalspannung:

$$\sigma_z = -\frac{p}{2\cdot\pi} \cdot arc\ ctg \sqrt{\left(\frac{m-2}{2m-2}\right)\cdot\left(\frac{1}{l^2} + \frac{1}{n^2}\right) + \left(\frac{m-2}{2m-2}\right)^2 \cdot \frac{1}{l^2\cdot n^2}} \qquad (2.274)$$

Für $m = \infty$ ist:

$$\sigma_z = -\frac{p}{2\cdot\pi} \cdot arc\ ctg \sqrt{\frac{1}{2\cdot l^2} + \frac{1}{2\cdot n^2} + \frac{1}{4\cdot l^2\cdot n^2}} \qquad (2.275)$$

Lösung

Für querdehnungsfreies Material ist $m = \infty$, somit lassen sich die lotrechten Normalspannungen nach der Gl. (2.275) bestimmen.

Die Lastfläche muß in vier Teilflächen zerlegt werden, für deren Eckpunkte die Spannungen bestimmt werden können. Die Spannung in der Symmetrieachse erhält man aus der Summe der vier Teilspannungen.

Für eine Teilfläche ist:

$$L = \frac{4}{2} = 2,0\,m \qquad\qquad B = \frac{3}{2} = 1,5\,m$$

$$l = \frac{L}{z} = \frac{2,0}{3,0} = 0,66 \qquad n = \frac{B}{z} = \frac{1,5}{3,0} = 0,50$$

Mit der Gl. (2.275) ist die lotrechte Normalspannung in der Symmetrieachse:

$$\sigma_z = -\frac{30}{2\cdot3,14} \cdot arc\ ctg \sqrt{\frac{1}{2\cdot0,66^2} + \frac{1}{2\cdot0,50^2} + \frac{1}{4\cdot0,66^2 0,5^2}}$$

$$\sigma_z = -4 \cdot \frac{30}{2\cdot3,14}\cdot0,41 = -7,84 \quad t/m^2$$

Aufgabe 27 Spannungsverteilung in homogenen isotropen Erddämmen

Abb. 2.34 zeigt den Querschnitt durch einen homogenen isotropen Erddamm.

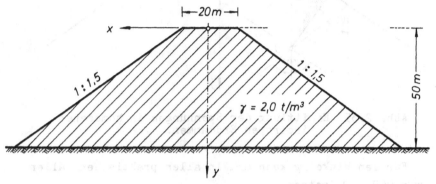

Abb. 2.34 Querschnitt durch einen homogenen isotropen Erddamm.

Wie groß sind die lotrechten und horizontalen Normalspannungen σ_y und σ_x in einem Punkt mit den Koordinaten x = 30 m und y = 40 m ?

Grundlagen

CHRISTENSEN (1950) hat unter Verwendung der Elastizitätstheorie Gleichungen abgeleitet, nach denen die Spannungen in homogenen isotropen Erddämmen ermittelt werden können. Mit den Beziehungen der Abb. 2.35 erhält man für den Punkt 0:

$$\sigma_x = - \gamma \cdot c \cdot \Delta \vartheta \sum r \cdot \sin \vartheta \cdot tg\, \vartheta \cdot (1 - ctg^2 \psi \cdot tg^2 \vartheta) \quad (2.276)$$

$$\sigma_y = - \gamma \cdot c \cdot \Delta \vartheta \sum r \cdot \cos \vartheta \cdot (1 - ctg^2 \psi \cdot tg^2 \vartheta) \quad (2.277)$$

$$\tau_{xy} = - \gamma \cdot c \cdot \Delta \vartheta \sum r \cdot \sin \vartheta \cdot (1 - ctg^2 \psi \cdot tg^2 \vartheta) \quad (2.278)$$

$$c = \frac{\sin^2 \psi}{2 \cdot \psi - \sin^2 \psi}$$

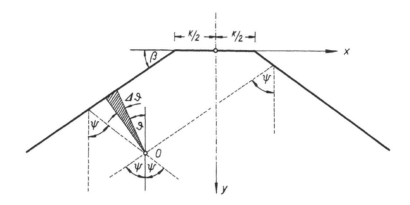

Abb. 2.35 Ermittlung der Spannungen in homogenen
           isotropen Erddämmen.

Für den Winkel ψ kann man in allen praktischen Fällen
$\psi = 90^\circ - \beta$ setzen.

KEZDI (1959) hat für ein Böschungsverhältnis von 1 : 1,5
Einflußwerte aus diesen Gleichungen errechnet (Abb. 2.51),
mit deren Hilfe die Spannungen schnell bestimmt werden
können. Die Einflußwerte bedeuten:

$$c_y = -\frac{\sigma_y}{\gamma \cdot k} \; ; \qquad c_x = -\frac{\sigma_x}{\gamma \cdot k} \; ; \qquad c_{xy} = -\frac{\tau_{xy}}{\gamma \cdot k} . \quad (2.279)$$

Lösung

Der Abb. 2.51 entnimmt man für y/k = 40/20 = 2,0 und
für x/k = 30/20 = 1,5:

$$c_y = 1,37 \qquad c_x = 0,44 \qquad c_{xy} = 0,22$$

Somit ist:

$$\sigma_y \;=\; -\;1,37 \cdot 2,0 \cdot 20,0 \;=\; -\;55,0 \;\; t/m^2$$

$$\sigma_x \;=\; -\;0,44 \cdot 2,0 \cdot 20,0 \;=\; -\;17,6 \;\; t/m^2$$

$$\tau_{xy} \;=\; -\;0,22 \cdot 2,0 \cdot 20,0 \;=\; -\;8,8 \;\; t/m^2$$

2.2 Berechnungstafeln und Zahlenwerte

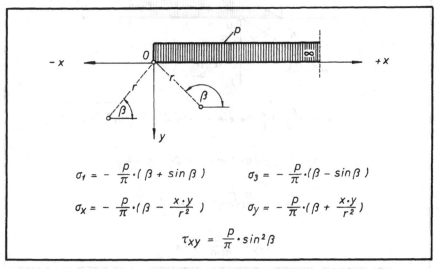

$$\sigma_1 = -\frac{p}{\pi}\cdot(\beta + \sin\beta) \qquad \sigma_3 = -\frac{p}{\pi}\cdot(\beta - \sin\beta)$$

$$\sigma_x = -\frac{p}{\pi}\cdot\left(\beta - \frac{x\cdot y}{r^2}\right) \qquad \sigma_y = -\frac{p}{\pi}\cdot\left(\beta + \frac{x\cdot y}{r^2}\right)$$

$$\tau_{xy} = \frac{p}{\pi}\cdot\sin^2\beta$$

Abb. 2.36 Spannungen für eine gleichmäßige Flächenlast
auf der halben Oberfläche des unendlichen Halbraumes.

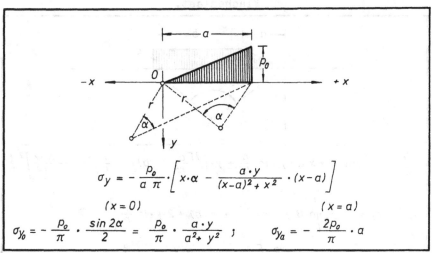

$$\sigma_y = -\frac{P_0}{a\,\pi}\cdot\left[x\cdot\alpha - \frac{a\cdot y}{(x-a)^2 + x^2}\cdot(x-a)\right]$$

$$(x = 0) \qquad\qquad\qquad\qquad (x = a)$$

$$\sigma_{y_0} = -\frac{P_0}{\pi}\cdot\frac{\sin 2\alpha}{2} = \frac{P_0}{\pi}\cdot\frac{a\cdot y}{a^2 + y^2} \;;\qquad \sigma_{y_a} = -\frac{2P_0}{\pi}\cdot a$$

Abb. 2.37 Spannungen für eine Lastverteilung in
Form eines Dreiecks.

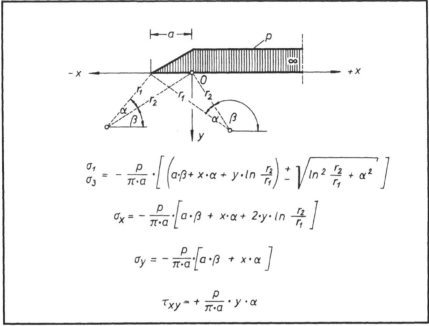

Abb. 2.38 Spannungen für eine Lastverteilung in Form
eines Dreiecks, kombiniert mit einer gleichmäßigen
Flächenlast.

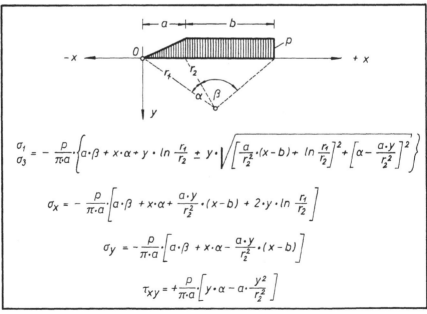

Abb. 2.39 Spannungen für eine Lastverteilung
in Trapezform.

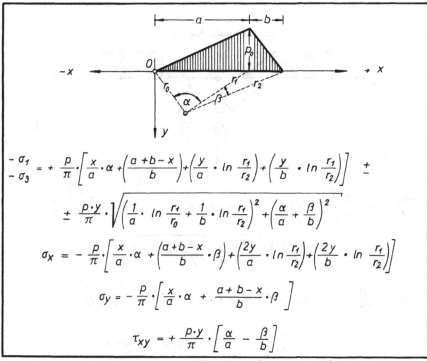

$$-\begin{matrix}\sigma_1\\\sigma_3\end{matrix} = +\frac{p}{\pi}\cdot\left[\frac{x}{a}\cdot\alpha +\left(\frac{a+b-x}{b}\right)+\left(\frac{y}{a}\cdot ln\,\frac{r_1}{r_2}\right)+\left(\frac{y}{b}\cdot ln\,\frac{r_1}{r_2}\right)\right]\ \pm$$

$$\pm\ \frac{p\cdot y}{\pi}\cdot\sqrt{\left(\frac{1}{a}\cdot ln\,\frac{r_1}{r_0}+\frac{1}{b}\cdot ln\,\frac{r_1}{r_2}\right)^2+\left(\frac{\alpha}{a}+\frac{\beta}{b}\right)^2}$$

$$\sigma_x = -\frac{p}{\pi}\cdot\left[\frac{x}{a}\cdot\alpha +\left(\frac{a+b-x}{b}\cdot\beta\right)+\left(\frac{2y}{a}\cdot ln\,\frac{r_1}{r_2}\right)+\left(\frac{2y}{b}\cdot ln\,\frac{r_1}{r_2}\right)\right]$$

$$\sigma_y = -\frac{p}{\pi}\cdot\left[\frac{x}{a}\cdot\alpha +\frac{a+b-x}{b}\cdot\beta\right]$$

$$\tau_{xy} = +\frac{p\cdot y}{\pi}\cdot\left[\frac{\alpha}{a}-\frac{\beta}{b}\right]$$

Abb. 2.40 Spannungen für eine Lastverteilung in
Form eines ungleichschenkligen Dreiecks.

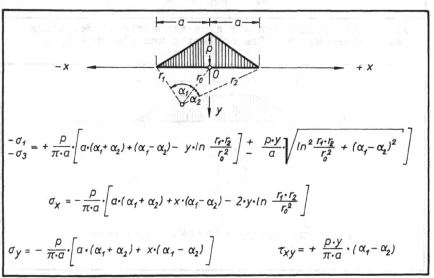

$$-\begin{matrix}\sigma_1\\\sigma_3\end{matrix} = +\frac{p}{\pi\cdot a}\cdot\left[a\cdot(\alpha_1+\alpha_2)+(\alpha_1-\alpha_2)- y\cdot ln\,\frac{r_1\cdot r_2}{r_0^2}\right]\ \begin{matrix}+\\-\end{matrix}\ \frac{p\cdot y}{a}\sqrt{ln^2\,\frac{r_1\cdot r_2}{r_0^2}+(\alpha_1-\alpha_2)^2}$$

$$\sigma_x = -\frac{p}{\pi\cdot a}\cdot\left[a\cdot(\alpha_1+\alpha_2)+x\cdot(\alpha_1-\alpha_2)-2\cdot y\cdot ln\,\frac{r_1\cdot r_2}{r_0^2}\right]$$

$$\sigma_y = -\frac{p}{\pi\cdot a}\cdot\left[a\cdot(\alpha_1+\alpha_2)+x\cdot(\alpha_1-\alpha_2)\right]\qquad \tau_{xy} = +\frac{p\cdot y}{\pi\cdot a}\cdot(\alpha_1-\alpha_2)$$

Abb. 2.41 Spannungen für eine Lastverteilung in
Form eines gleichschenkligen Dreiecks.

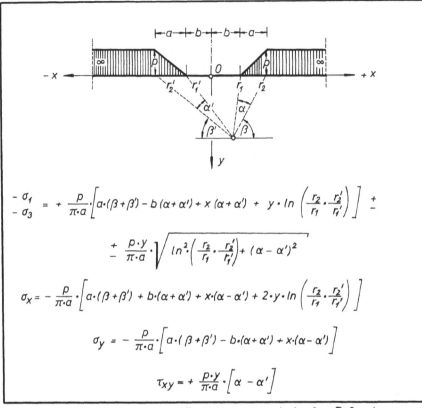

$$- \frac{\sigma_1}{\sigma_3} = + \frac{p}{\pi \cdot a} \cdot \left[a \cdot (\beta + \beta') - b\,(\alpha + \alpha') + x\,(\alpha + \alpha') + y \cdot ln \left(\frac{r_2}{r_1} \cdot \frac{r_2'}{r_1'} \right) \right] \begin{array}{c} + \\ - \end{array}$$

$$\begin{array}{c} + \\ - \end{array} \frac{p \cdot y}{\pi \cdot a} \cdot \sqrt{ln^2 \cdot \left(\frac{r_2}{r_1} \cdot \frac{r_2'}{r_1'} \right) + (\alpha - \alpha')^2}$$

$$\sigma_x = - \frac{p}{\pi \cdot a} \cdot \left[a \cdot (\beta + \beta') + b \cdot (\alpha + \alpha') + x \cdot (\alpha - \alpha') + 2 \cdot y \cdot ln \left(\frac{r_2}{r_1} \cdot \frac{r_2'}{r_1'} \right) \right]$$

$$\sigma_y = - \frac{p}{\pi \cdot a} \cdot \left[a \cdot (\beta + \beta') - b \cdot (\alpha + \alpha') + x \cdot (\alpha - \alpha') \right]$$

$$\tau_{xy} = + \frac{p \cdot y}{\pi \cdot a} \cdot \left[\alpha - \alpha' \right]$$

Abb. 2.42 Spannungen für eine symmetrische Belastung des Halbraumes aus Dreiecklasten und gleichmäßigen Flächenlasten.

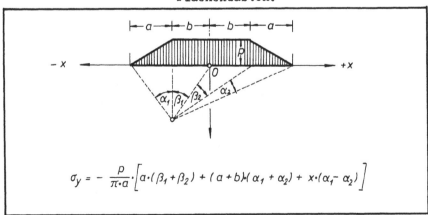

$$\sigma_y = - \frac{p}{\pi \cdot a} \cdot \left[a \cdot (\beta_1 + \beta_2) + (a + b) \cdot (\alpha_1 + \alpha_2) + x \cdot (\alpha_1 - \alpha_2) \right]$$

Abb. 2.43 Spannungen aus einem trapezförmigen Damm-körper auf der Oberfläche des Halbraumes.

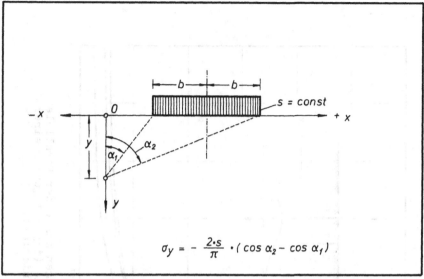

Abb. 2.44 Spannungen aus einer gleichmäßigen Verteilung der Schubspannungen in der Gründungssohle eines Fundamentes an der Oberfläche des Halbraumes.

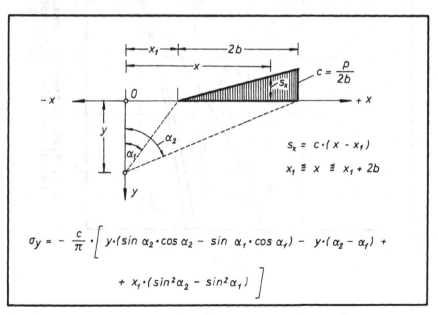

Abb. 2.45 Spannungen aus einer linear zunehmenden Verteilung der Schubspannungen in der Gründungssohle eines Fundamentes an der Oberfläche des Halbraumes.

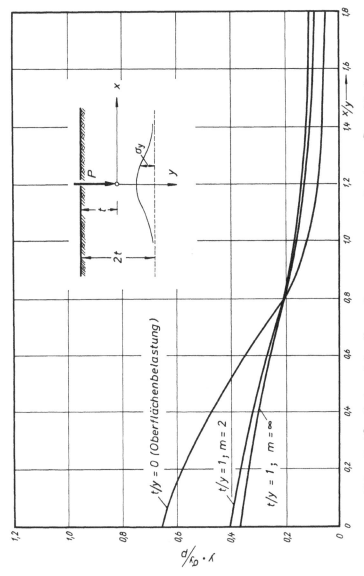

Abb. 2.46 Lotrechte Normalspannungen auf einer Parallelen
zur horizontalen Geländeoberfläche (t/y = 1) unter einer
tiefliegenden Linienlast.

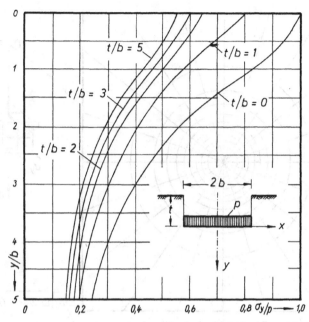

Abb. 2.47 Lotrechte Normalspannungen in der Symmetrieachse unter einer tiefliegenden Streifenbelastung.

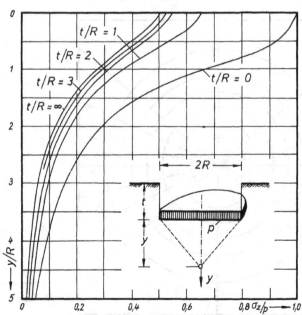

Abb. 2.48 Lotrechte Normalspannungen in der Achse einer
kreisförmigen gleichmäßigen Flächenlast unterhalb der
Geländeoberfläche.

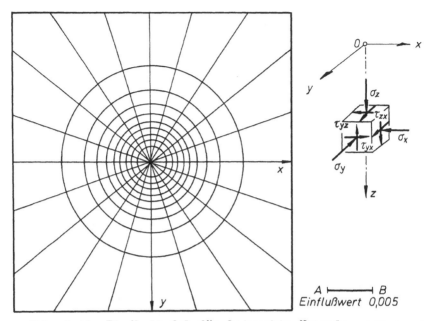

Abb. 2.49 Einflußtafel für lotrechte Normalspannungen σ_z
unter gleichmäßigen Flächenlasten (nach NEWMARK 1942).

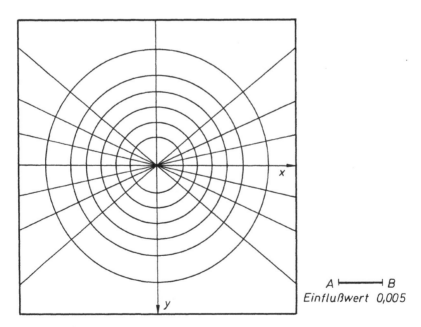

Abb. 2.50 Einflußtafel für horizontale Normalspannungen σ_x
und σ_y unter gleichmäßigen Flächenlasten (nach NEWMARK 1942).

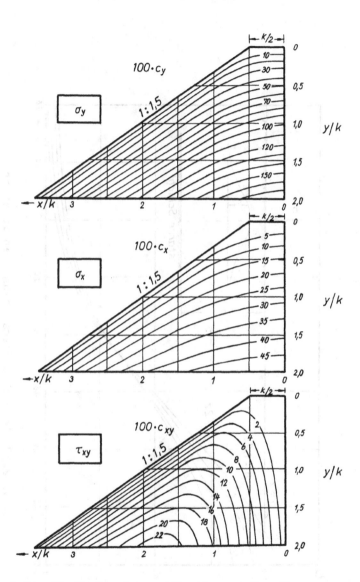

Abb. 2.51 Einflußwerte zur Bestimmung der Spannungen
in einem Dammkörper (nach KEZDI 1959).

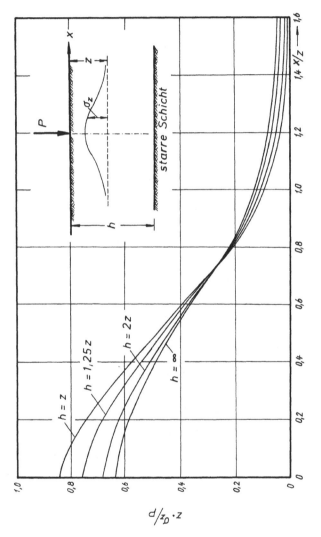

Abb. 2.52 Lotrechte Normalspannungen in einer
elastischen Schicht auf starrer Unterlage.

Tabelle 2.3a Einflußwerte N_B für lotrechte
Einzellasten auf der Geländeoberfläche
(nach BOUSSINESQ 1885).

r/z	N_B	r/z	N_B	r/z	N_B
0,00	0,4775	0,50	0,2733	1,00	0,0844
0,02	0,4770	0,52	0,2625	1,02	0,0803
0,04	0,4756	0,54	0,2518	1,04	0,0764
0,06	0,4732	0,56	0,2414	1,06	0,0727
0,08	0,4699	0,58	0,2313	1,08	0,0691
0,10	0,4657	0,60	0,2214	1,10	0,0658
0,12	0,4607	0,62	0,2117	1,12	0,0626
0,14	0,4548	0,64	0,2024	1,14	0,0595
0,16	0,4482	0,66	0,1934	1,16	0,0567
0,18	0,4409	0,68	0,1846	1,18	0,0539
0,20	0,4329	0,70	0,1762	1,20	0,0513
0,22	0,4242	0,72	0,1681	1,22	0,0489
0,24	0,4151	0,74	0,1603	1,24	0,0466
0,26	0,4054	0,76	0,1527	1,26	0,0443
0,28	0,3954	0,78	0,1455	1,28	0,0422
0,30	0,3849	0,80	0,1386	1,30	0,0402
0,32	0,3742	0,82	0,1320	1,32	0,0384
0,34	0,3632	0,84	0,1257	1,34	0,0365
0,36	0,3521	0,86	0,1196	1,36	0,0348
0,38	0,3408	0,88	0,1138	1,38	0,0332
0,40	0,3294	0,90	0,1083	1,40	0,0317
0,42	0,3181	0,92	0,1031	1,42	0,0302
0,44	0,3068	0,94	0,0981	1,44	0,0288
0,46	0,3055	0,96	0,0933	1,46	0,0275
0,48	0,2843	0,98	0,0887	1,48	0,0263

Tabelle 2.3b   Einflußwerte N_B für lotrechte
Einzellasten auf der Geländeoberfläche
(nach BOUSSINESQ 1885).

r/z	N_B	r/z	N_B	r/z	N_B
1,50	0,0251	2,00	0,0085	2,50	0,0034
1,52	0,0240	2,02	0,0082	2,52	0,0033
1,54	0,0229	2,04	0,0079	2,54	0,0032
1,56	0,0219	2,06	0,0076	2,56	0,0031
1,58	0,0209	2,08	0,0073	2,58	0,0030
1,60	0,0200	2,10	0,0070	2,60	0,0029
1,62	0,0191	2,12	0,0067	2,62	0,0028
1,64	0,0183	2,14	0,0065	2,64	0,0027
1,66	0,0175	2,16	0,0063	2,66	0,0026
1,68	0,0167	2,18	0,0060	2,68	0,0025
1,70	0,0160	2,20	0,0058	2,70	0,0024
1,72	0,0153	2,22	0,0056	2,72	0,0023
1,74	0,0147	2,24	0,0054	2,74	0,0023
1,76	0,0141	2,26	0,0052	2,76	0,0022
1,78	0,0135	2,28	0,0050	2,78	0,0021
1,80	0,0129	2,30	0,0048	2,80	0,0021
1,82	0,0124	2,32	0,0047	2,84	0,0019
1,84	0,0119	2,34	0,0045	2,91	0,0017
1,86	0,0114	2,36	0,0043	2,99	0,0015
1,88	0,0109	2,38	0,0042	3,08	0,0013
1,90	0,0105	2,40	0,0040	3,19	0,0011
1,92	0,0101	2,42	0,0039	3,31	0,0009
1,94	0,0097	2,44	0,0038	3,50	0,0007
1,96	0,0093	2,46	0,0036	3,75	0,0005
1,98	0,0089	2,48	0,0035	4,13	0,0003

Tabelle 2.4a   Einflußwerte I für kreisförmige gleich-
               mäßige Flächenlasten.
               Lotrechte Normalspannungen in der Achse.

R/z	I	R/z	I	R/z	I
0,00	0,00000	0,40	0,19959	0,80	0,52386
0,01	0,00015	0,41	0,20790	0,81	0,53079
0,02	0,00060	0,42	0,21672	0,82	0,53763
0,03	0,00135	0,43	0,22469	0,83	0,54439
0,04	0,00240	0,44	0,23315	0,84	0,55106
0,05	0,00374	0,45	0,24165	0,85	0,55766
0,06	0,00538	0,46	0,25017	0,86	0,56416
0,07	0,00731	0,47	0,25872	0,87	0,57058
0,08	0,00952	0,48	0,26729	0,88	0,57692
0,09	0,01203	0,49	0,27587	0,89	0,58317
0,10	0,01481	0,50	0,28446	0,90	0,58934
0,11	0,01788	0,51	0,29304	0,91	0,59542
0,12	0,02122	0,52	0,30162	0,92	0,60142
0,13	0,02483	0,53	0,31019	0,93	0,60734
0,14	0,02817	0,54	0,31875	0,94	0,61317
0,15	0,03283	0,55	0,32728	0,95	0,61892
0,16	0,03721	0,56	0,33579	0,96	0,62459
0,17	0,04184	0,57	0,34427	0,97	0,63018
0,18	0,04670	0,58	0,35272	0,98	0,63568
0,19	0,05181	0,59	0,36112	0,99	0,64110
0,20	0,05713	0,60	0,36949	1,00	0,64645
0,21	0,06268	0,61	0,37781	1,01	0,65171
0,22	0,06844	0,62	0,38609	1,02	0,65690
0,23	0,07441	0,63	0,39431	1,03	0,66200
0,24	0,08057	0,64	0,40247	1,04	0,66703
0,25	0,08692	0,65	0,41058	1,05	0,67198
0,26	0,09346	0,66	0,41863	1,06	0,67686
0,27	0,10017	0,67	0,42662	1,07	0,68166
0,28	0,10704	0,68	0,43454	1,08	0,68639
0,29	0,11408	0,69	0,44240	1,09	0,69104
0,30	0,12126	0,70	0,45018	1,10	0,69562
0,31	0,12859	0,71	0,45789	1,11	0,70013
0,32	0,13605	0,72	0,46553	1,12	0,70457
0,33	0,14363	0,73	0,47310	1,13	0,70894
0,34	0,15133	0,74	0,48059	1,14	0,71324
0,35	0,15915	0,75	0,48800	1,15	0,71747
0,36	0,16706	0,76	0,49533	1,16	0,72163
0,37	0,17507	0,77	0,50259	1,17	0,72573
0,38	0,18317	0,78	0,50976	1,18	0,72976
0,39	0,19134	0,79	0,51685	1,19	0,73373

Tabelle 2.4b Einflußwerte I für kreisförmige gleichmäßige Flächenlasten.
Lotrechte Normalspannungen in der Achse.

R/z	I	R/z	I	R/z	I
1,20	0,73763	1,60	0,85112	2,00	0,91056
1,21	0,74147	1,61	0,85312	2,02	0,91267
1,22	0,74525	1,62	0,85507	2,04	0,91472
1,23	0,74896	1,63	0,85700	2,06	0,91672
1,24	0,75262	1,64	0,85890	2,08	0,91865
1,25	0,75622	1,65	0,86077	2,10	0,92053
1,26	0,75976	1,66	0,86260	2,15	0,92499
1,27	0,76324	1,67	0,86441	2,20	0,92914
1,28	0,76666	1,68	0,86619	2,25	0,93301
1,29	0,77003	1,69	0,86794	2,30	0,93661
				2,35	0,93997
1,30	0,77334	1,70	0,86966	2,40	0,94310
1,31	0,77660	1,71	0,87136	2,45	0,94603
1,32	0,77981	1,72	0,87302	2,50	0,94877
1,33	0,78296	1,73	0,87467	2,55	0,95134
1,34	0,78606	1,74	0,87628	2,60	0,95374
1,35	0,78911	1,75	0,87786	2,65	0,95599
1,36	0,79211	1,76	0,87944	2,70	0,95810
1,37	0,79507	1,77	0,88098	2,75	0,96009
1,38	0,79797	1,78	0,88250	2,80	0,96195
1,39	0,80083	1,79	0,88399	2,90	0,96536
				2,95	0,96691
1,40	0,80364	1,80	0,88546		
1,41	0,80640	1,81	0,88691	3,00	0,96838
1,42	0,80912	1,82	0,88833	3,10	0,97106
1,43	0,81179	1,83	0,88974	3,20	0,97346
1,44	0,81442	1,84	0,89112	3,30	0,97561
1,45	0,81701	1,85	0,89248	3,40	0,97753
1,46	0,81955	1,86	0,89382	3,50	0,97927
1,47	0,82206	1,87	0,89514	3,60	0,98083
1,48	0,82448	1,88	0,89643	3,70	0,98224
1,49	0,82694	1,89	0,89771	3,80	0,98352
				3,90	0,98468
1,50	0,82932	1,90	0,89897		
1,51	0,83167	1,91	0,90021	4,00	0,98573
1,52	0,83397	1,92	0,90143	4,20	0,98757
1,53	0,83624	1,93	0,90263	4,40	0,98911
1,54	0,83847	1,94	0,90382	4,60	0,99041
1,55	0,84067	1,95	0,90498	4,80	0,99152
1,56	0,84283	1,96	0,90613		
1,57	0,84495	1,97	0,90726	5,00	0,99246
1,58	0,84670	1,98	0,90838	6,00	0,99556
1,59	0,84910	1,99	0,90948	7,00	0,99717

Tabelle 2.5a Einflußwerte I für kreisförmige gleichmäßige Flächenlasten.
Lotrechte Normalspannungen unter dem Viertelspunkt.

z/R	I	z/R	I	z/R	I
0,00	1,000	0,40	0,894	0,80	0,664
0,01	0,000	0,41	0,889	0,81	0,658
0,02	0,999	0,42	0,883	0,82	0,653
0,03	0,999	0,43	0,878	0,83	0,648
0,04	0,998	0,44	0,873	0,84	0,642
0,05	0,998	0,45	0,867	0,85	0,638
0,06	0,997	0,46	0,861	0,86	0,632
0,07	0,997	0,47	0,856	0,87	0,627
0,08	0,996	0,48	0,850	0,88	0,622
0,09	0,996	0,49	0,845	0,89	0,617
0,10	0,995	0,50	0,840	0,90	0,612
0,11	0,994	0,51	0,836	0,91	0,607
0,12	0,992	0,52	0,828	0,92	0,602
0,13	0,991	0,53	0,822	0,93	0,597
0,14	0,989	0,54	0,816	0,94	0,593
0,15	0,988	0,55	0,810	0,95	0,588
0,16	0,986	0,56	0,806	0,96	0,583
0,17	0,983	0,57	0,798	0,97	0,579
0,18	0,981	0,58	0,792	0,98	0,574
0,19	0,979	0,59	0,786	0,99	0,569
0,20	0,977	0,60	0,780	1,00	0,565
0,21	0,974	0,61	0,774	1,01	0,560
0,22	0,971	0,62	0,768	1,02	0,556
0,23	0,966	0,63	0,762	1,03	0,551
0,24	0,962	0,64	0,755	1,04	0,547
0,25	0,960	0,65	0,749	1,05	0,543
0,26	0,956	0,66	0,743	1,06	0,538
0,27	0,952	0,67	0,737	1,07	0,534
0,28	0,949	0,68	0,731	1,08	0,530
0,29	0,945	0,69	0,724	1,09	0,525
0,30	0,941	0,70	0,718	1,10	0,521
0,31	0,936	0,71	0,712	1,11	0,517
0,32	0,932	0,72	0,706	1,12	0,512
0,33	0,927	0,73	0,700	1,13	0,508
0,34	0,923	0,74	0,695	1,14	0,504
0,35	0,918	0,75	0,690	1,15	0,500
0,36	0,913	0,76	0,684	1,16	0,496
0,37	0,908	0,77	0,679	1,17	0,492
0,38	0,903	0,78	0,674	1,18	0,488
0,39	0,899	0,79	0,669	1,19	0,484

Tabelle 2.5b   Einflußwerte I für kreisförmige gleichmäßige Flächenlasten.
Lotrechte Normalspannungen unter dem Viertelspunkt.

z/R	I	z/R	I	z/R	I
1,20	0,480	1,60	0,351	2,00	0,262
1,21	0,476	1,61	0,348	2,02	0,259
1,22	0,472	1,62	0,345	2,04	0,255
1,23	0,468	1,63	0,343	2,06	0,251
1,24	0,465	1,64	0,340	2,08	0,248
1,25	0,461	1,65	0,338	2,10	0,244
1,26	0,457	1,66	0,335	2,15	0,236
1,27	0,454	1,67	0,333	2,20	0,228
1,28	0,450	1,68	0,331	2,25	0,221
1,29	0,446	1,69	0,328	2,30	0,214
				2,35	0,208
1,30	0,443	1,70	0,326	2,40	0,201
1,31	0,439	1,71	0,324	2,45	0,195
1,32	0,435	1,72	0,321	2,50	0,189
1,33	0,432	1,73	0,318	2,55	0,184
1,34	0,428	1,74	0,317	2,60	0,178
1,35	0,425	1,75	0,314	2,65	0,173
1,36	0,421	1,76	0,312	2,70	0,168
1,37	0,418	1,77	0,310	2,75	0,163
1,38	0,414	1,78	0,308	2,80	0,158
1,39	0,411	1,79	0,305	2,85	0,154
				2,90	0,149
1,40	0,408	1,80	0,303	2,95	0,145
1,41	0,405	1,81	0,301		
1,42	0,402	1,82	0,299		
1,43	0,399	1,83	0,297	3,00	0,141
1,44	0,396	1,84	0,294	3,10	0,133
1,45	0,393	1,85	0,292	3,20	0,126
1,46	0,390	1,86	0,290	3,30	0,119
1,47	0,387	1,87	0,288	3,40	0,113
1,48	0,384	1,88	0,286	3,50	0,107
1,49	0,381	1,89	0,284	3,60	0,101
				3,70	0,096
1,50	0,378	1,90	0,282	3,80	0,091
1,51	0,375	1,91	0,280	3,90	0,086
1,52	0,372	1,92	0,278		
1,53	0,369	1,93	0,276		
1,54	0,367	1,94	0,274	4,00	0,082
1,55	0,364	1,95	0,272		
1,56	0,361	1,96	0,270		
1,57	0,359	1,97	0,268		
1,58	0,356	1,98	0,266		
1,59	0,353	1,99	0,264		

Tabelle 2.6a Einflußwerte I für kreisförmige gleichmäßige Flächenlasten.
Lotrechte Normalspannungen unter dem Randpunkt.

z/R	I	z/R	I	z/R	I
0,00	0,500	0,40	0,430	0,80	0,362
0,01	0,498	0,41	0,428	0,81	0,360
0,02	0,496	0,42	0,426	0,82	0,358
0,03	0,494	0,43	0,424	0,83	0,357
0,04	0,492	0,44	0,423	0,84	0,355
0,05	0,490	0,45	0,421	0,85	0,353
0,06	0,488	0,46	0,419	0,86	0,352
0,07	0,486	0,47	0,417	0,87	0,350
0,08	0,484	0,48	0,416	0,88	0,349
0,09	0,482	0,49	0,414	0,89	0,347
0,10	0,481	0,50	0,412	0,90	0,346
0,11	0,480	0,51	0,410	0,91	0,344
0,12	0,478	0,52	0,408	0,92	0,342
0,13	0,476	0,53	0,407	0,93	0,340
0,14	0,474	0,54	0,405	0,94	0,339
0,15	0,472	0,55	0,403	0,95	0,337
0,16	0,470	0,56	0,402	0,96	0,335
0,17	0,469	0,57	0,400	0,97	0,334
0,18	0,467	0,58	0,398	0,98	0,332
0,19	0,465	0,59	0,397	0,99	0,330
0,20	0,464	0,60	0,395	1,00	0,329
0,21	0,462	0,61	0,393	1,01	0,327
0,22	0,460	0,62	0,392	1,02	0,325
0,23	0,458	0,63	0,390	1,03	0,324
0,24	0,457	0,64	0,388	1,04	0,322
0,25	0,455	0,65	0,386	1,05	0,321
0,26	0,453	0,66	0,385	1,06	0,319
0,27	0,452	0,67	0,383	1,07	0,317
0,28	0,450	0,68	0,381	1,08	0,316
0,29	0,449	0,69	0,380	1,09	0,315
0,30	0,447	0,70	0,378	1,10	0,313
0,31	0,445	0,71	0,377	1,11	0,311
0,32	0,443	0,72	0,375	1,12	0,310
0,33	0,441	0,73	0,373	1,13	0,308
0,34	0,440	0,74	0,371	1,14	0,307
0,35	0,438	0,75	0,370	1,15	0,305
0,36	0,437	0,76	0,369	1,16	0,304
0,37	0,435	0,77	0,367	1,17	0,302
0,38	0,433	0,78	0,365	1,18	0,301
0,39	0,431	0,79	0,363	1,19	0,299

Tabelle 2.6b   Einflußwerte I für kreisförmige gleichmäßige Flächenlasten.
Lotrechte Normalspannungen unter dem Randpunkt.

z/R	I	z/R	I	z/R	I
1,20	0,298	1,60	0,241	2,00	0,195
1,21	0,296	1,61	0,240	2,02	0,193
1,22	0,295	1,62	0,239	2,04	0,191
1,23	0,293	1,63	0,237	2,06	0,189
1,24	0,292	1,64	0,236	2,08	0,187
1,25	0,290	1,65	0,235	2,10	0,185
1,26	0,288	1,66	0,234	2,15	0,180
1,27	0,287	1,67	0,233	2,20	0,176
1,28	0,285	1,68	0,231	2,25	0,171
1,29	0,284	1,69	0,230	2,30	0,167
				2,35	0,163
1,30	0,283	1,70	0,229	2,40	0,158
1,31	0,282	1,71	0,228	2,45	0,154
1,32	0,280	1,72	0,226	2,50	0,150
1,33	0,278	1,73	0,225	2,55	0,147
1,34	0,277	1,74	0,224	2,60	0,143
1,35	0,275	1,75	0,223	2,65	0,140
1,36	0,274	1,76	0,222	2,70	0,137
1,37	0,272	1,77	0,220	2,75	0,134
1,38	0,271	1,78	0,219	2,80	0,131
1,39	0,269	1,79	0,218	2,85	0,128
				2,90	0,125
1,40	0,268	1,80	0,217	2,95	0,123
1,41	0,267	1,81	0,216		
1,42	0,265	1,82	0,214	3,00	0,119
1,43	0,264	1,83	0,213	3,10	0,114
1,44	0,262	1,84	0,212	3,20	0,109
1,45	0,261	1,85	0,211	3,30	0,105
1,46	0,259	1,86	0,210	3,40	0,100
1,47	0,258	1,87	0,209	3,50	0,096
1,48	0,257	1,88	0,208	3,60	0,092
1,49	0,255	1,89	0,207	3,70	0,088
				3,80	0,084
1,50	0,254	1,90	0,206	3,90	0,080
1,51	0,252	1,91	0,204		
1,52	0,251	1,92	0,203	4,00	0,077
1,53	0,250	1,93	0,202	4,20	0,071
1,54	0,248	1,94	0,201	4,40	0,065
1,55	0,247	1,95	0,200	4,60	0,060
1,56	0,246	1,96	0,199	4,80	0,056
1,57	0,245	1,97	0,198		
1,58	0,243	1,98	0,197	5,00	0,052
1,59	0,242	1,99	0,196		

Tabelle 2.7a Einflußwerte $-\sigma_z/q$ zur Berechnung der lotrechten Normalspannungen unter dem Eckpunkt einer rechteckigen gleichmäßigen Flächenlast.

b/z	a/z					
	0,1	0,2	0,3	0,4	0,5	0,6
0,1	0,00470	0,00917	0,01323	0,01678	0,01978	0,02223
0,2	0,00917	0,01790	0,02585	0,03280	0,03866	0,04348
0,3	0,01323	0,02585	0,03735	0,04742	0,05593	0,06294
0,4	0,01678	0,03280	0,04742	0,06024	0,07111	0,08009
0,5	0,01978	0,03866	0,05593	0,07111	0,08403	0,09473
0,6	0,02223	0,04348	0,06294	0,08009	0,09473	0,10688
0,7	0,02420	0,04735	0,06858	0,08734	0,10340	0,11679
0,8	0,02576	0,05042	0,07308	0,09314	0,11035	0,12474
0,9	0,02698	0,05283	0,07661	0,09770	0,11584	0,13105
1,0	0,02794	0,05471	0,07938	0,10129	0,12018	0,13605
1,2	0,02926	0,05733	0,08323	0,10631	0,12626	0,14309
1,4	0,03007	0,05894	0,08561	0,10941	0,13003	0,14749
1,6	0,03058	0,05994	0,08709	0,11135	0,13241	0,15028
1,8	0,03090	0,06058	0,08804	0,11260	0,13395	0,15207
2,0	0,03111	0,06100	0,08867	0,11342	0,13496	0,15326
2,5	0,03138	0,06155	0,08948	0,11450	0,13628	0,15483
3,0	0,03150	0,06178	0,08982	0,11495	0,13684	0,15550
4,0	0,03158	0,06194	0,09007	0,11527	0,13724	0,15598
5,0	0,03160	0,06199	0,09014	0,11537	0,13737	0,15612
10,0	0,03162	0,06202	0,09019	0,11544	0,13745	0,15622
∞	0,03162	0,06202	0,09019	0,11544	0,13745	0,15623

Tabelle 2.7b Einflußwerte $-\sigma_z/q$ zur Berechnung der lotrechten Normalspannungen unter dem Eckpunkt einer rechteckigen gleichmäßigen Flächenlast.

b/z	a/z				
	0,7	0,8	0,9	1,0	1,2
0,1	0,02420	0,02576	0,02698	0,02794	0,02926
0,2	0,04735	0,05042	0,05283	0,05471	0,05733
0,3	0,06958	0,07303	0,07661	0,07938	0,08323
0,4	0,08734	0,09314	0,09770	0,10129	0,10631
0,5	0,10340	0,11035	0,11584	0,12018	0,12626
0,6	0,11679	0,12474	0,13105	0,13605	0,14309
0,7	0,12772	0,13653	0,14356	0,14914	0,15703
0,8	0,13653	0,14607	0,14371	0,15978	0,16843
0,9	0,14356	0,15371	0,16185	0,16835	0,17766
1,0	0,14914	0,15978	0,16835	0,17522	0,18508
1,2	0,15703	0,16843	0,17766	0,18508	0,19584
1,4	0,16199	0,17389	0,18357	0,19139	0,20278
1,6	0,16515	0,17739	0,18737	0,19546	0,20731
1,8	0,16720	0,17967	0,18986	0,19814	0,21032
2,0	0,16856	0,18119	0,19152	0,19994	0,21235
2,5	0,17036	0,18321	0,19375	0,20236	0,21512
3,0	0,17113	0,18407	0,19470	0,20314	0,21633
4,0	0,17168	0,18469	0,19540	0,20417	0,21722
5,0	0,17185	0,18488	0,19561	0,20440	0,21749
10,0	0,17196	0,18502	0,19576	0,20457	0,21769
∞	0,17197	0,18502	0,19577	0,20458	0,21770

Tabelle 2.7c Einflußwerte $-\sigma_z/q$ zur Berechnung der lotrechten Normalspannungen unter dem Eckpunkt einer rechteckigen gleichmäßigen Flächenlast.

b/z	a/z					
	1,4	1,6	1,8	2,0	2,5	3,0
0,1	0,03007	0,03058	0,03090	0,03111	0,03138	0,03158
0,2	0,05894	0,05994	0,06058	0,06100	0,06155	0,06178
0,3	0,08561	0,08709	0,08804	0,08867	0,08948	0,08982
0,4	0,10941	0,11135	0,11250	0,11342	0,11450	0,11495
0,5	0,13003	0,13241	0,13395	0,13496	0,13628	0,13684
0,6	0,14749	0,15028	0,15207	0,15326	0,15483	0,15550
0,7	0,16199	0,16515	0,16720	0,16856	0,17036	0,17113
0,8	0,17389	0,17739	0,17967	0,18119	0,18321	0,18407
0,9	0,18357	0,18737	0,18986	0,19152	0,19375	0,19470
1,0	0,19139	0,19546	0,19814	0,19994	0,20236	0,20341
1,2	0,20278	0,20731	0,21032	0,21235	0,21512	0,21633
1,4	0,21020	0,21510	0,21836	0,22058	0,22364	0,22499
1,6	0,21510	0,22025	0,22372	0,22610	0,22940	0,23088
1,8	0,21836	0,22372	0,22736	0,22986	0,23334	0,23495
2,0	0,22058	0,22610	0,22986	0,23247	0,23614	0,23782
2,5	0,22364	0,22940	0,23334	0,23614	0,24010	0,24196
3,0	0,22499	0,23088	0,23495	0,23782	0,24196	0,24394
4,0	0,22600	0,23200	0,23617	0,23912	0,24344	0,24554
5,0	0,22632	0,23236	0,23656	0,23954	0,24392	0,24608
10,0	0,22654	0,23261	0,23684	0,23985	0,24429	0,24650
∞	0,22656	0,23263	0,23686	0,23987	0,24432	0,24654

Tabelle 2.7d   Einflußwerte $-\sigma_z/\varsigma$ zur Berechnung der lotrechten Normalspannungen unter dem Eckpunkt einer rechteckigen gleichmäßigen Flächenlast.

b/z	a/z				
	4,0	5,0	6,0	10,0	∞
0,1	0,03158	0,03160	0,03161	0,03162	0,03162
0,2	0,06194	0,06199	0,06201	0,06202	0,06202
0,3	0,09007	0,09014	0,09017	0,09019	0,09019
0,4	0,11527	0,11537	0,11541	0,11544	0,11544
0,5	0,13724	0,13737	0,13741	0,13745	0,13745
0,6	0,15598	0,15612	0,15617	0,15622	0,15623
0,7	0,17168	0,17185	0,17191	0,17196	0,17197
0,8	0,18469	0,18488	0,18496	0,18502	0,18502
0,9	0,19540	0,19561	0,19569	0,19576	0,19577
1,0	0,20417	0,20440	0,20449	0,20457	0,20458
1,2	0,21722	0,21749	0,21760	0,21769	0,21770
1,4	0,22600	0,22623	0,22644	0,22654	0,22656
1,6	0,23200	0,23236	0,23249	0,23261	0,23263
1,8	0,23617	0,23656	0,23671	0,23684	0,23686
2,0	0,23912	0,23954	0,23970	0,23985	0,23987
2,5	0,24344	0,24392	0,24412	0,24429	0,24432
3,0	0,24554	0,24608	0,24630	0,24650	0,24654
4,0	0,24729	0,24791	0,24817	0,24842	0,24846
5,0	0,24791	0,24857	0,24885	0,24914	0,24919
10,0	0,24842	0,24914	0,24946	0,24981	0,24989
∞	0,24846	0,24919	0,24952	0,24989	0,25000

2.3 Literatur

BOUSSINESQ (1885) Applications des potentiels à l'étude
de l'équilibre et du mouvement des solides élastiques.
Gauthier-Villars Paris.

MELAN (1918) Die Druckverteilung durch eine elastische
Schicht. Wochenschr. öff. Baudienst, Beton und Eisen,
Vol. 18 (1919), S. 83 - 85.

WEBER (1925) Zeitschr. angew. Math. u. Mech., Band 5.

PÖSCHL (1927) Zeitschr. angew. Math. u. Mech., Band 7,
S. 424.

SAINFLOU (1928) Ann. Ponts Chauss.

STROHSCHNEIDER (1932) Elastische Druckverteilung und
Drucküberschreitungen in Schüttungen. Sitz.-Ber.
Akad. Wiss. Wien, Abt. IIa.

FRÖHLICH (1934) Druckverteilung im Baugrunde. Springer-
Verlag Wien.

MARGUERRE (1934) Druckverteilung durch eine elastische
Schicht auf starrer, rauher Unterlage. Ing.-Archiv,
Vol. 2, S. 108 - 117.

NEWMARK (1935) Simplified computation of vertical pressures
in elastic foundations. Circular note 24, Exp. Stat.
Univ. Illinois.

PASSER (1935) Druckverteilung durch eine elastische
Schicht. Sitz.-Ber. Akad. Wiss. Wien, Abt. IIa,
Bd. 144, S. 267 - 275.

WESTERGAARD (1938) A problem of elasticity suggested by
a problem in soil mechanics: Soft material reinforced
by numerous strong horizontal sheets. In: Contributions
to the mechanics of solids. Stephen Timoshenko 60th
anniversary volume. Macmillan New York.

OHDE (1939) Zur Theorie der Druckverteilung im Baugrund.
Der Bauingenieur Heft 33/34.

NEWMARK (1942) Influence charts for computation of
stresses in elastic foundations. Univ. Illinois Eng.
Exp. Stat. Bull. 338.

BURMISTER (1945) General theory of stresses and displace-
ments in layered soil systems. Journ. Appl. Phys. 16.

SOKOLNIKOFF (1946) Mathematical theory of elasticity.
McGraw-Hill New York.

JELINEK (1948)   Die Kraftausbreitung im Halbraum für quer-
     isotrope Böden. Die Kraftausbreitung im verallgemeiner-
     ten ebenen Spannungszustand für querisotrope Böden.
     Abh. Bodenmechanik u. Grundbau. Schmidt Bielefeld.

TERZAGHI/PECK (1948)   Soil mechanics in engineering
     practice. Wiley & Sons New York.

TAYLOR (1948)   Fundamentals of soil mechanics. Wiley & Sons
     New York.

CHRISTENSEN (1950)   Geostatic investigation with especial
     reference to embankment sections. Skrifter Nr. 3,
     Kopenhagen.

LEE (1950)   An introduction to experimental stress
     analysis. Wiley & Sons New York.

JELINEK (1951)   Der Einfluß der Gründungstiefe und
     begrenzter Schichtmächtigkeit auf die Druckausbreitung
     im Baugrund. Die Bautechnik Bd. 28, S. 125 - 130.

TIMOSHENKO (1951)   Theory of elasticity. McGraw-Hill
     New York.

SECHLER (1952)   Elasticity in engineering. Wiley & Sons
     New York.

KEZDI (1952)   Einige Probleme der Spannungsverteilung im
     Boden. Acta Technica Budapest.

LORENZ/NEUMEURER (1953)   Spannungsberechnung infolge Kreis-
     lasten unter beliebigen Punkten innerhalb und außerhalb
     der Kreisfläche. Die Bautechnik 30, S. 121 - 129.

ALLEN (1954)   Relaxation methods. McGraw-Hill
     New York.

TEKEO/MOGAMI (1957)   Numerical tables for calculation of
     stress components induced in a semi-infinite elastic
     solid, when force is applied at a point in the interior
     of the body. Kajima Construction Technical Research
     Institute.

KEZDI (1958)   Beiträge zur Berechnung der Spannungsvertei-
     lung im Boden. Der Bauingenieur 33, H. 2.

JAEGER (1962)   Elasticity, fracture and flow. Methuen & Co.
     London.

SCOTT (1963)   Principles of soil mechanics. Addison-Wesley
     Publishing Co. Reading, Massachusetts.

SOUTHWORTH/DELEEUW (1965)   Digital computation and
     numerical methods. McGraw-Hill New York.

ZIENKIEWICZ/HOLLISTER (1965)   Stress analysis, Kap. 7.
    Wiley & Sons New York, S. 85 - 119.

OBERT/DUVALL (1967)   Rock mechanics and design of structures
    in rock. Wiley & Sons New York.

GIRIJAVALLABHAN/REESE (1968)   Finite-element method for
    problems in soil mechanics. Proceedings ASCE Vol. 94,
    SM 2, S. 473.

MALINA (1970)   The numerical determination of stresses and
    deformations in rock taking into account discontinuities.
    Rock Mechanics, Vol. 2, No. 1.

Sachverzeichnis

Druck: Bors & Müller, A 1010 Wien

Willy H. Bölling

Bodenkennziffern und Klassifizierung von Böden

Anwendungsbeispiele und Aufgaben

80 Abbildungen. XI, 192 Seiten. 1971.
Geheftet S 290,–, DM 42,–, US $ 13.10

Die Beherrschung der Bodenkennziffern ist der Schritt in das faszinierende Gebiet einer modernen, praxisnahen Wissenschaft, der Bodenmechanik.

Das Ziel dieses Buches ist, am Beispiel zu zeigen, wie diese Bodenkennziffern ermittelt und angewendet werden. Das Buch enthält 80 Abbildungen und 31 Tabellen, die den Leser mit allen nötigen Zahlenwerten und Informationsdaten versorgen, die er für das Studium und für die praktische Berufsarbeit benötigt. Es wird ihm helfen, insbesondere im Ausland, eine einheitliche technisch-wissenschaftliche Sprache zu sprechen.

Zusammendrückung und Scherfestigkeit von Böden

Anwendungsbeispiele und Aufgaben

103 Abbildungen. X, 194 Seiten. 1971.
Geheftet S 290,–, DM 42,–, US $ 13.10

Zusammendrückbarkeit und Scherempfindlichkeit sind charakteristische Materialeigenschaften, die bei Böden besonders ausgeprägt sind. Das Buch behandelt die theoretischen Grundlagen und zeigt an zahlreichen Beispielen wie die entsprechenden Kennziffern ermittelt und angewendet werden.

Sickerströmungen und Spannungen in Böden

Anwendungsbeispiele und Aufgaben

107 Abbildungen. X, 198 Seiten. 1972
Geheftet S 290,–, DM 42,–, US $ 13.10

Von demselben Autor erscheinen in Kürze:

Setzungen, Standsicherheiten und Tragfähigkeiten von Grundbauwerken

Anwendungsbeispiele und Aufgaben

100 Abbildungen. X, 199 Seiten. 1972

Bodenmechanik der Stützbauwerke, Straßen und Flugpisten

Anwendungsbeispiele und Aufgaben

91 Abbildungen. X, 184 Seiten. 1972

Springer-Verlag
Wien
New York